# 江南传统民居园林装修与装饰（上册）

中国建筑设计研究院建筑历史研究所
孙大章　著

中国建材工业出版社

**图书在版编目（CIP）数据**

江南传统民居园林装修与装饰：上册、下册/孙大章著. -- 北京：中国建材工业出版社，2020.9
ISBN 978-7-5160-2828-5

Ⅰ. ①江… Ⅱ. ①孙… Ⅲ. ①古典园林－私家园林－建筑艺术－华东地区 Ⅳ. ①TU986.625

中国版本图书馆CIP数据核字（2020）第030238号

**内容提要**

本书分为上、下两册，上册为论述，下册为图录。本书将约500余处江南传统园林民居的调研成果进行梳理和补充，从乾隆下江南说起，围绕香山帮及蒯祥、姚承祖及《营造法原》、江南园林与《园冶》、江南民居特点、江南民居园林装修及装饰，对建筑外檐装修、内檐装修、庭院空间装修、建筑装饰等内容，进行了原创性的详细论述，具备重要的史料价值和学术价值。

本书对江南传统民居和园林的保护性设计与修缮，能起到积极的指导作用，也可供现代建筑设计、古代建筑研究、古典建筑施工、舞台美术及平面设计等方面人员深入学习，并在传承传统文化、创新民族风格方面起到关键性的参考价值和启迪作用。

**江南传统民居园林装修与装饰：上册、下册**
Jiangnan Chuantong Minju Yuanlin Zhuangxiu yu Zhuangshi：Shangce、Xiace

孙大章　著

出版发行：中国建材工业出版社
地　　址：北京市海淀区三里河路1号
邮　　编：100044
经　　销：全国各地新华书店
印　　刷：北京天恒嘉业印刷有限公司
开　　本：787mm×1092mm　1/16
印　　张：50.75
字　　数：780千字
版　　次：2020年9月第1版
印　　次：2020年9月第1次
定　　价：500.00元（上、下册）

本社网址：www.jccbs.com，微信公众号：zgjcgycbs

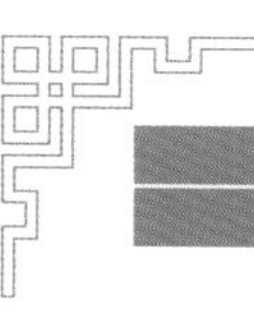

# 作者简介

孙大章，教授级高级建筑师、研究员、国家一级注册建筑师，获国务院政府特殊津贴。1955年毕业于北京清华大学建筑系。曾任中国建筑科学研究院建筑历史研究所所长、中国建筑设计研究院顾问总建筑师，并任中国紫禁城学会顾问、中国文物学会民居学术委员会顾问、传统建筑园林委员会常务理事等。毕生致力于中国古代建筑史、传统民居及古代建筑装饰的研究与著述。著有多卷集《中国古代建筑史》第五卷（清代卷）、《中国民居研究》《中国古代建筑彩画》《中国民居之美》《承德普宁寺》《中国古代建筑装饰——雕构绘塑》《彩画艺术》《诗意栖居——中国民居艺术》《中国古代建筑小史》《中国古今建筑鉴赏辞典》《中国古建筑》大型图册、《中国美术全集 建筑艺术编 宗教建筑卷》《中国建筑艺术全集 坛庙建筑卷》《中国古建筑大系 礼制建筑卷》《中国佛教建筑》等；并参加编写了中美合编的《中国古代建筑》的清代部分、《梵宫——中国佛教建筑艺术》的佛殿部分，主编十卷集《中华文明史》建筑史等多部著作。主持复原了山海关老龙头长城多项工程，设计了三亚南山佛教文化园的“不二法门”、无锡梵宫的“五印坛城”等建筑。

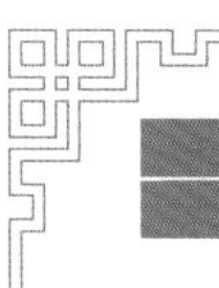

# 序

在中国文化的整体格局当中，江南是非常特别的一个区域。其开放的地埋空间格局，形成了独具特色的江南文化和融汇精神。现在所说的江南文化，是由吴文化、越文化与徽文化融汇在一起形成的一个可辨识的特有的区域文化共同体。当然，江南区域内部的文化差异也很大。江南特有的人文地理、社会结构及文化传统，在历史上铸造了中华传统文化在江南的繁荣和辉煌；江南文化的血脉与基因、多元与包容的文化精神止在不断地推动中华传统文化走向世界。

江南民居园林建筑作为江南文化精神的载体与容器，融汇着各种文化遗产。江南民居往往与园林合二为一，凡宅必有园，这是中国人一种理想的生活方式和居住模式。江南传统民居与园林建筑不仅艺术性地满足了居住与生产两大功能，还诠释了美好和谐的文化内涵及动人的想象和魅力。江南传统民居与园林建筑是中国传统文化的瑰宝，其卓越的艺术成就和广泛的实用价值是中国传统建筑历史研究的重要课题。

我与孙大章曾经是一个研究所的同事，彼此熟悉。1958 年，我与孙大章先后进入原建筑科学研究院建筑理论与历史研究所。1963—1964 年，研究所开设了“江南古典园林装饰”专题，由孙大章、黄传福负责，成立了调研组，专门对苏南、浙北的泛太湖地区大小 50 余市、县、乡、镇进行调研，包括苏州、南京、扬州等地的民居园林 500 余处。通过拍照测绘，记录了大量建筑装修、装饰、漏窗、月洞门、铺地、家具、陈设、匾额楹联等的状貌，收获照片千余帧，整理测图 800 余张。后因社会上掀起“破四旧”运动，一切有关古代文化的实体皆为四旧，故此项工作被迫停止。后研究所被撤销，相关人员散至全国各地。

时过境迁，1979 年，我辗转调至北京建筑工程学院建筑系任职。后得知“江南古典园林装饰”专题的调研成果尚存，实属万幸。我深知孙大章对于中国古代建筑史、传统民居及古代建筑装饰研究的执着和深情。几十年来，他走遍了江南各地，陆续积累了相当丰厚的原始素材，却一直没有执笔撰写针对江南地区传统装饰装修研究的著作。如今看到这一摞厚厚的《江南传统民居园林装修与装饰》书稿，我为他感到高兴。

由于时代的变迁等各种原因，大量的江南传统民居园林建筑的原物已不复存在。本书以尊重历史和保护文化遗产为出发点，对江南传统园林建筑和民居装修装饰进行了潜心研究与分析。书中全面、丰富的图纸、图像、论述资料等非常珍贵。这些累年积淀的图文材料，对于真实、全面地保存和研究江南民居建筑及传统园林遗产的历史信息及价值具有重要意义，代表了建筑史学家对深入挖掘、整理、保护和发展优秀民族文化遗产，深入研究阐释中华优秀传统文化蕴含的思想观念、人文精神、道德规范的无限真诚，也充分体现了国人的文化自信与责任担当。

现今，这些用雕、构、绘、塑等传统装修与装饰技术构建起来的江南传统民居园林，已然成为江南文化精神的载体，代表着人们对美好生活的向往和对文明理想的追求。《江南传统民居园林装修与装饰》是江南文化的诠释，也是文化自信的代表，对构建中华优秀传统文化传承发展体系、推动中华优秀传统文化创造性转化和创新性发展大有裨益。

王其明

2019 年 7 月

# 前言

中国古代建筑有着悠久的历史及辉煌的艺术成就，并以其木构建筑的造型成为亚洲东方的代表性建筑风格。其在建筑规划、群体布局、建筑艺术、结构设计、装修与装饰等方面皆有独特的造诣，是中华传统文化的重要载体，值得关注。江南地区自古即为经济发达的膏腴之地，人文荟萃，经济发达，物产丰富，各种工艺皆有极高的水平。江南地区的建筑技艺独具特色，是全国少数几处著名的建筑技术之乡。其在传统园林及民居方面亦有多方面的成就，对全国各地皆产生过积极的影响。江南地区现存的私家园林不仅数量多，分布集中，而且艺术品质高。其富商大户、退隐文人官宦数量很多，住宅考究，皆为上等，园林及民居中的装修与装饰皆有优雅轻盈的特色，舒朗的体型，吉祥的纹样，精细的雕刻，灵活多变的组合，是祖国建筑文化宝库中非常有价值的遗产，值得全面深入地进行研究与总结。

为此，原建筑工程部建筑科学研究院建筑理论及历史研究所于1963年，开设了“江南古典园林装饰”专题。专题由孙大章、黄传福负责，徐玲妹、张秀芳、张勗采参加，组成专题调研组，对苏南、浙北的泛太湖地区大小50余市、县、乡、镇进行调研，包括苏州、南京、扬州、无锡、常熟、吴县、吴江、上海、松江、湖州、南浔、嘉兴、杭州、宁波等地的园林民居500余处。通过拍照测绘，记录了大量建筑装修、装饰、漏窗、月洞门、铺地、家具、陈设、匾额楹联等的状貌，收获照片千余帧，整理测图800余张。后因社会上掀起“破四旧”运动，一切有关古代文化的实体皆为四旧，故此项工作被迫停止。“文化大革命”期间，机构解散，建筑理论及历史研究所撤销，人员下放，但所幸资料尚存，可称劫后余生。“文化大革命”以后，建筑理论及历史研究所重建，在原专题资料的基础上，经补充调查，由张勗采、张秀芳两位同志加工整理和撰写文字，形成了《中国江南古建筑装修装饰图典》一书，于1994年交由中国工人出版社印制发行，总算有了一个完好的结局。

此书出版距今已20余年。按当时的要求，此书的内容是比较丰富的，调查的地区多，资料涵盖面广泛，对当时的古建筑设计与修缮，起到了参考借鉴的作用，但今日看来亦有不少遗憾。如编排体例不够完整，前后有重复之处；论述不够详尽，有些内容没有展开描述，分析深度不够；引用的资料包括了皖南、东阳、天台等非江南地区的城市，建筑文化有别，不宜混谈；图文分离，阅读时十分不便，影响叙述；限于当时条件，彩色图片较少等。近十几年来，笔者又进行了补充调研，增加了部分地区，如扬州、镇江、桐乡乌镇、嘉善西塘、吴江同里镇、吴县甪直、苏州木渎、上海周庄等地，增加了图片的数量，提高了图片质量。在此基础上笔者对前书做了进一步整理编辑，删繁就简，合并部分内容，减少重复；增加了大量的彩色图版；同时改写论文体例，总结为五章，使相关论述更为清晰，图随文述，图文合一，便于阅读，并丰富了论述的内容及历史变迁。本书名为《江南传统民居园林装修与装饰》，交付中国建材工业出版社出版，其是否较前有所提高，尚待读者品鉴。本书调查地区广泛，实例较多，包括部分因历史原因及城镇开发改建而消失的某些实例，更显可贵。希望本书能为建筑设计工作、古代建筑研究、古典建筑施工、舞美及平面设计等方面人员提供参考借鉴，希望能为发扬和振兴祖国传统建筑文化起到一定的作用。

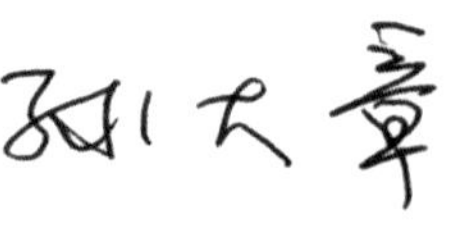

2019年6月

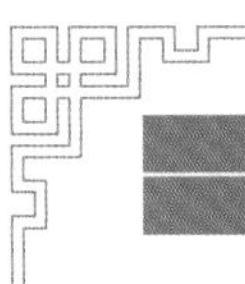

# 目录

## 上册：论述


第一章 概 述 1

一、从乾隆下江南说起 3

二、香山帮及蒯祥 5

三、姚承祖及《营造法原》 7

四、江南园林与《园冶》 10

五、江南民居 14

六、江南民居园林装修及装饰 19

第二章 外檐装修 23

一、外檐门窗 25

1. 长窗与半窗 25

2. 长窗、半窗的内心仔棂格设计 30

3. 和合窗 49

4. 花窗 54

二、轩顶、栏杆、挂落 60

1. 轩顶 60

2. 栏杆 64

3. 挂落 71

第三章　内檐装修　75
一、屏门　77
二、槅扇　87
三、罩类　93
四、内檐隔断的组合形式　105
1. 三间厅内檐隔断组合　107
2. 五间厅内檐隔断组合　122
五、家具及联匾　129
1. 家具　129
2. 匾联　149

第四章　庭院空间装修　159
一、院门　161
1. 屋宇式门　161
2. 墙门（石库门）　164
二、墙饰　173
1. 院墙　173
2. 封火山墙　175
3. 垛头　177
4. 照墙　179
三、洞门与空窗　182
四、漏窗　192
1. 漏窗的美学价值　192
2. 漏窗的分类　192
3. 漏窗的形式　199
五、铺地　204
1. 铺地的演进　204
2. 铺地的材料　204
3. 铺地的类型　205
4. 铺地与环境　221

第五章　建筑装饰 227
一、建筑雕刻 229
1. 木雕 231
2. 砖雕 246
3. 石雕 257
二、灰塑 260
三、彩画 268

## 下册：图录

1 门窗 277
2 栏杆 347
3 挂落 381
4 内檐装修 397
5 罩类 415
6 洞门空窗 449
7 漏窗 489
8 铺地 671
9 建筑装饰 723

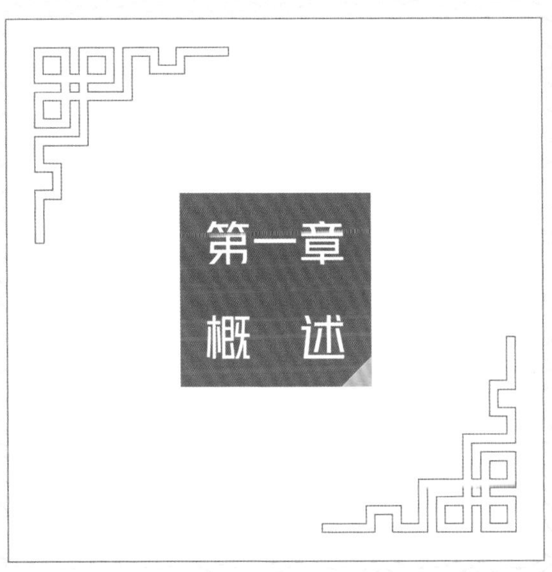

# 第一章 概 述

# 一、从乾隆下江南说起

江南地区自古即为鱼米之乡，经济发达。自东晋王朝定都建康（今南京），衣冠南渡以后，该地区的经济及文化更为繁荣。经南北朝至南宋王朝的发展，江南经济在全国范围内便处于领先地位。从字面上看，江南应该指的是长江以南的地区，包括苏南、皖南、浙江、江西等地，实际社会上说的江南是长江以南太湖附近的水网地区，即南京至杭州的运河沿线的城市及其附近的城镇。这种概念可能源于乾隆皇帝六次南巡，巡视中停留时间最长的是该地区，俗称“乾隆下江南”，约定俗成，江南成为该地区的代名词。乾隆十六年（1751 年）至乾隆四十九年（1784 年），乾隆皇帝六次南巡，沿运河南行，停留最长的是江宁府（今南京）、苏州府、扬州府、杭州府。例如，乾隆皇帝第四次南巡，驻跸苏州府，巡游了各名胜园林及灵岩山，前后共计 8 天；后又驻跸杭州，长达 12 天；回程时又在苏州玩了 6 天，说明乾隆皇帝对苏杭一带的风景名胜、园林寺观颇为眷恋。同时这也是他回京后在避暑山庄及圆明园等处复制建造了许多仿造江南景点的原因。乾隆皇帝南巡的宗旨虽名为体察民情，访民疾苦，恭奉母后，以尽孝心，且在巡视过程中也曾视察河工、整顿吏治、减免税赋等，但实际上游山玩水、寄情风物的游乐怡情乃是他南巡的真实目的之一。乾隆皇帝对江南的热衷说明江南地区的自然人文风貌和丰富的物质资源，确有其引人入胜之处（图 1–1）。

江南地区在乾隆时期已十分发达，是国家重要的财富集中地。该地区每年上缴国家的赋税银两约为全国的 20.8%；赋粮约占全国的 30%；各种关税银两几乎占全国的一半，因此，江南是国家重点控制的地区。清朝入关之初，为镇压当地反清复明的浪潮，展开了血腥镇压，发生了如“扬州十日”“嘉定三屠”等惨案，对当地产生了极大的破坏。百余年后，乾隆皇帝南巡亦有收复民心、笼络士族、巩固皇权的目的。他南巡期间增加江浙的生员名额，重新起用政界能臣，以考试方式培养饱学的读书人，称为士子，经甄选以后大都成为国家要

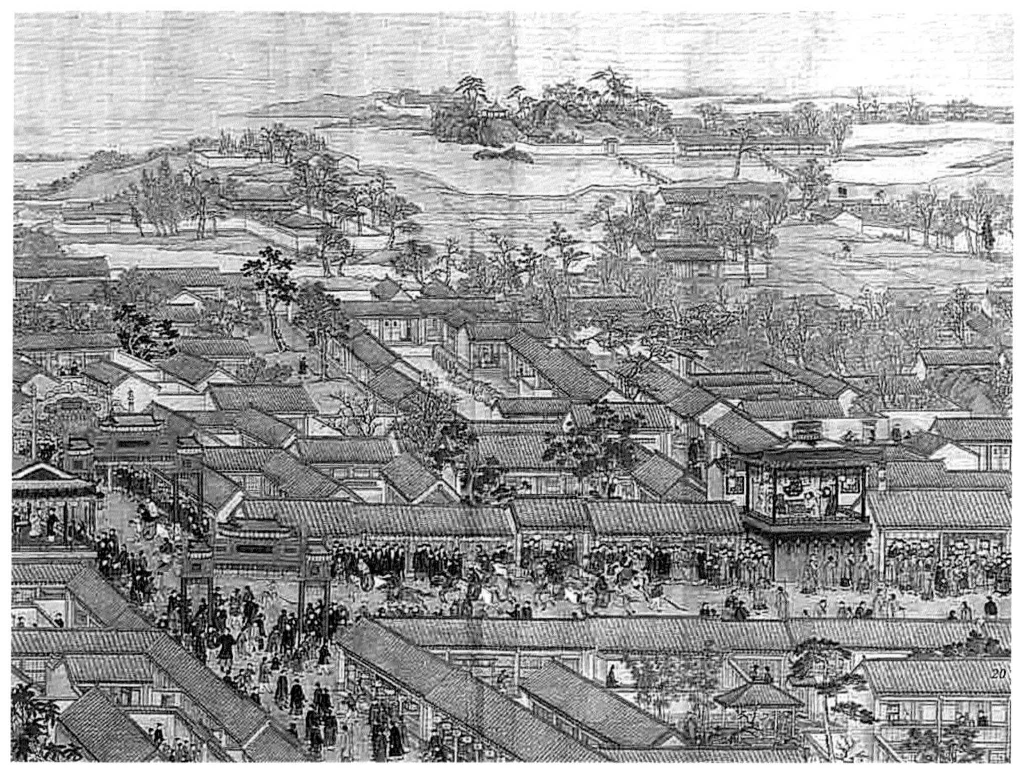

图 1-1 《乾隆南巡图》第六卷 驻跸姑苏

员，如巡抚、总督、尚书、大学士等。从清初至乾隆末年，江南地区考中状元的共 51 位。乾隆朝重大的文化活动《四库全书》的编审中，参与的江浙官员达 16 位，说明江南士族官宦在清朝政治文化领域中具有重要地位。士族官宦成为江南文化的传播者及奠基人。

江南地区除了原籍在江浙的退隐官员以外，大批富有的商贾阶层亦是重要的群体，其中盐商最为突出。清代将国家垄断盐业专卖的管理机构，两淮盐运史及两淮盐运御史皆设在扬州。故扬州成为全国重要的食盐集散地，以徽商为代表的一众商人，丛聚扬州。按当时的政策规定，只要交给政府一定数目的银两，领得“盐引”（即营业证书），即可经营食盐的买卖，扬州盐商成为当地一批最富有的商户。盐商的生活奢侈，又带动当地的消费水平，使得餐饮业（淮扬菜）、建筑业（府邸与宅园）、服务业（茶馆澡堂）、娱乐业（戏院书场）以及脂粉作坊、妓院等非常兴盛，使扬州成为豪华的消费城市。

江南地区众多的官僚及富商在各地广置房产，广筑豪宅，并建造宅园自娱，所以该地区的民居及宅园不仅数量多，而且质量好，在全国各地处于领先的位置。这也是作者在江南地区进行调查测绘的原因之一。

## 二、香山帮及蒯祥

江南地区的建筑、园林技艺是自成体系的，这个体系是在什么时代完成的，目前没有确切的证据可资参考，但是从常熟、吴县等地保存的明代住宅看，这个体系在明代已经十分成熟。明太祖朱元璋定都金陵（今南京），即征召了大批江南工匠营造宫室及皇陵，促进了当地建筑业的振兴。明成祖朱棣移都北京，于永乐四年（1406年）亦征召江南工匠参加紫禁城的规划及建造，提拔培养了一大批优秀的匠人，其中最著名的当属蒯祥。蒯祥出生在苏州胥口镇香山乡的建筑世家，其父蒯福亦为著名木工。永乐年间他们应召至北京建造皇城，蒯祥因技艺超群，勤奋任劳，被提升为“营缮所丞”，成为统率各工种的首领。从永乐至成化的七十余年间，蒯祥在北京统帅各工种的首领设计建造了宫城三大殿（指太和殿、中和殿、保和殿）、乾清宫、承天门、五府六部衙署、南宫、西苑（今北海及中南海）、景陵、裕陵等大量皇家工程，质量优良。他才能出众，曾被封为工部侍郎（即今建筑工程部副部长），是历史上由匠人提为重要官员的鲜见的例子。蒯祥的经历说明江南建筑工艺对北京官式建筑产生过重要影响。现在北京故宫尚保存有一幅宫城图，展现了明代宫城的规划布局。该图右下角站立着一位身穿明代朝服的官员，专家认为此人即是蒯祥，以示蒯祥与紫禁城的密切关系（图 1–2）。

江南地区的建筑工艺是以苏州工匠为基干，其中工匠尤以香山乡为大本营，俗称“香山帮”。因为香山出了一位著名的蒯祥，故香山帮尊之为鼻祖。其实香山工艺早在明代以前就已经存在。明清之际，江南经济发达，民居园林大量建造，仅苏州城内私家宅园即达 270 余处，同时又受蒯祥成功实例影响，香山建筑工匠大发展，从者如云，相传香山一地工匠人数最多时达 5000 余人，形成了太

图 1–2 《明宫城图》

湖地区最有实力的建筑帮派，并一直传承不衰。香山帮并不是一个行业组织，而是太湖之滨众多村镇匠人的统称，包括今日胥口镇及光福乡等辖下的15个村庄的工匠。因为春秋时期吴王种香草于此，遣美人采之，故名香山。香山帮的匠人各有所长，包括了建筑园林工程的所有工种，有大木作、小木作、水作（泥瓦作）、砖雕、木雕、石雕等工种。初期木雕工种由小木作兼任，砖雕由水作兼任，乾嘉以后由于建筑装饰工程要求更为繁细，花样翻新，使这两个工种成为独立的专业工种。另外配合园林建筑及官宦大宅设计，尚有专司叠山的叠山师傅及彩画师傅。在香山帮里，木匠是领头的工种，因为当时还没有专业的建筑设计师，建筑物的营造都由木匠师傅根据业主的要求，凭自己的工作经验设计，放样施工，其他工种予以配合。这种既能设计，又能指挥施工，并承担全部工程技术和经济责任的木工工匠，称为“木工头”，或称作“把作师傅”，在北京宫廷建筑中称之为“掌案”。最初香山帮的工匠皆为个体劳动者，除师徒关系之外，没有固定的组织机构。在实际的建筑工程操作中，往往由技术精湛的把作师傅，出面承接工程，再根据需要，择聘优选各类工匠，自由组合成施工队伍，工程结束以后，队伍随之解散。直到清朝末年，才出现固定的作坊或公司，挂牌营业。香山帮的建筑技艺打造了江南地区建筑的主体风格，是该地区建筑业的代表，历经明清两代长久不衰，并对北京的宫廷建筑产生了积极的影响，做出了重要的历史贡献。

## 三、姚承祖及《营造法原》

历数香山帮的众多匠师，不得不提起姚承祖，他是香山帮承前启后，开拓进取的一代宗师。姚承祖是吴县胥口乡墅里村人。生于清代同治五年（1866年）。姚家为木匠世家，承祖继承父业，操斧使锯，勤奋好学，不到20岁，便成为一个优秀的木匠师傅，在苏州及各地承建房舍殿宇，曾任苏州鲁班会会长。承祖幼时曾拜师读书，学习了初步的儒学书藉，深知在工匠行业中文化底蕴的重要性，

图 1-3 《营造法原》第二版

故在事业有成之后，在家乡兴办两座小学，免费招收建筑工匠子弟入学，以培养有文化知识的建筑工匠。同时，他还在苏州工业专科学校担任兼职教师，讲授并撰写讲义教材及建筑工程图案，集而成书，初稿名为《营造法原》。后经刘敦桢先生委托南京工学院张至刚教授对此书进行整理，调整原文，补充照片，重绘图版，于1959 年出版问世，并于 1986 年续出第二版（图 1-3）。

国内建筑名家对《营造法原》一书的评价很高。刘敦桢先生称该书是“南方中国建筑之唯一宝典”；前辈朱启钤先生称该书中“所谓住宅祠庙、佛塔驳岸，及量木计围诸法，未见官书，足传南方民间建筑之真象……穷究明清两代建筑嬗蜕之故，仰助此书正多，非仅传苏杭民间建筑而已”。综观全国，具有悠久传统及地方特色的地方建筑区域不下十余处，如北京地区、苏杭地区、浙江东阳地区、山西上党地区（晋东南）、山西晋中地区、闽南地区（泉州、厦门）、潮汕地区、广府地区等。这些地区皆有技艺高超的木匠师傅，以口传心授的办法传承营造之法，并保有一些建筑工艺的抄本及口诀。对这些具有历史价值的营造工艺，急需进行科学的整理及普及，以免因匠师亡故，技艺失传而成绝学。20 世纪 30 年代梁思成先生广泛询问北京地区匠师，实地考察，收集匠师世代相传的秘本，总结出清代北京宫廷及民间建筑的标准做法，编写文字，并绘出现代的工程图纸，出版了《清式营造则例》一书，使得建筑绝学得以重生。姚承祖的《营造法原》是将香山工艺，即江南地区建筑工艺，科学地整理出版的又一专著。目前其他地区整理传统技艺的工作尚付阙如，此乃建筑史学大家对《营造法原》一书肯定而欣赏的原因。

该书论述共分十六章：包括总论、大木、提线（举架）、牌科（斗栱）、厅堂、楼厅、殿庭、装折（装修）、石作、墙垣、瓦作、建筑材料、做细清水砖作、工限、园林建筑、杂俎。文后附有量木制度、辞解、鲁班尺换算表等。张至刚先生在整理过程中，还增选了照片101 幅，按现代工程绘图法规绘制的图版 51 帧，极大地整合全书各项表述，提高了该书的质量。该书内容全面翔实，丰富具体，是对香山帮建筑技艺的全面总结，也是我们了解江南建筑的敲门砖。从了解江南建筑的装修及装饰的角度看，该书的第八章“装折”，即是专门介绍建筑装修，包括门窗形制及栏杆、花罩、挂落等项，并有具体做法的表述，非常专业。此外，第十三章“做细清水砖作”，是专门介绍门墙等处使用砖雕的做法，尤其对石库门楼设计中各种砖雕组件的安排，有详尽的表述。第十五章“园林建筑总论”，对江南园林设计构思虽着墨不多，但从工程角度，对各种园林建筑及小品叙述十分详细，包括亭阁楼台、水榭旱船、行廊池桥、漏窗月洞、花街铺地、地穴门景、假山垒砌等皆有涉及，充分反映了江南园林细致优美的特色。另外，在厅堂总论、墙垣做法及屋面瓦作等章节中，亦有关于装修及装饰的内容。总之，该书对研究江南建筑具有重要的参考价值（图 1–4）。

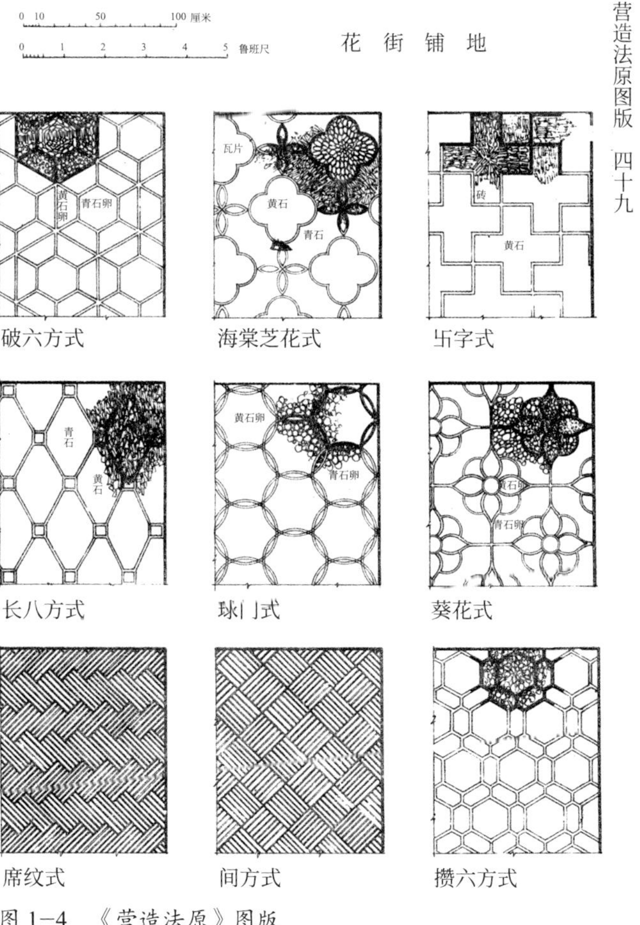


图 1–4 《营造法原》图版

## 四、江南园林与《园冶》

中国园林有着丰富而辉煌的发展历史。周维权先生将中国园林发展的过程分为四期，即生成期、转折期、全盛期、成熟期。生成期约在殷周秦汉时代，此时皇权确立，统治者追求自然放牧，动植物充盈在园囿中，形成大面积的皇家宫廷式园林。转折期约在南北朝时代，豪门士族在政治上崛起，产生众多的私家园林。同时受统治者的倡导，宗教势力增强，寺观中亦出现园林营建。全盛期出现在隋唐时代，国家国力强盛，儒、释、道三教互补，传统文化充满活力，呈现出豪放大度、意气风发的特色。各种园林类型的设计风格基本形成。成熟期约在两宋至明清时期，地主小农经济稳步成长，城市商业繁荣，市民文化兴起，园林设计转向精致豪华、消费与观赏并重的风格。园林总体到细节都日益完善成熟。综观全国的园林类型，除了自然风景区以外，大致可分为三种类型，即皇家园林、私家园林、寺观园林，各有特色。皇家园林规模宏大，建筑豪华，动植物充盈，景点创意甚多，山水情怀及社会人文皆囊括并包，具有兼容丰富的特点。私家园林的面积较小，只能模拟自然，以缩微的方式表现山水，建筑追求细腻精致，变化多端，具有风格素雅的文人气质。寺观园林多结合地形环境，展现部分宗教内涵，具有出世的意境。就私家园林而言，亦有一个发展过程。早在两汉时期即出现了私家园林，园主多为贵族豪强，如东汉的权臣梁冀在洛阳城内外建造大量园圃，制同皇家。园林内涵也多为山林野趣、鸟禽野兽、奇花珍木等自然形态。南北朝时期社会动乱，士族文人产生避世的山水情怀，私家园林出现了山居和田园风光的艺术倾向，对后世的文人园林产生积极的影响。唐代的私家园林又有变化：一是住宅与园林相结合，即生活与赏景兼容，开宅园的先声；二是景点的创造，集美景于一体，如诗人王维的辋川别业园中的景点达 20 处，既有自然景观，也有生活建筑，景点创制成为传统园林设计的重要手段。宋代是私家园林的大发展时期，主要集中于中原畿辅及江南地区。宋人李格非所著的《洛阳名园记》中记录了洛阳城内18处私园，其中宅园6处、独立设置的游园10处、观赏花卉的花园2处，说明当时城市私家园林之盛。江南园林首推杭州及苏州。杭州又称临安，是南宋首都，也是江南最大的城市。在各种文献记载中，分布在西湖沿岸及钱塘江边的私家园林达百余处，可见当时园林之盛。宋代苏州称平江府，商业及手工业发达，又接大运河，交通便捷，造就了该城的消费特征，官绅文人多定居于此，修造园宅以自娱，私家园林甚多，今日苏州沧浪亭园林即为宋代的遗存。此外，吴兴、润州（今镇江）、绍兴等地亦有不少私园。宋代园林俗称文人园林，其呈现出的疏朗雅致的风格，一直为传统园林的重要特征。同时，宋代园林开始用石材叠山，即假山。叠石及置石成为宅园设计中常用的手法，并影响到皇家园林。明清时期的私家园林达到历史的高峰，不仅造园的数量极大，同时造园的技艺亦有巨大的提升。在北京、江南、广州等人员辐辏、经济发达地区，官商大户自建宅园成为一时风尚。占据优良地理环境的江南地区的私园尤为突出。江南私家园林有其独自的特点，因用地珍贵，宅园面积较小，故采取咫尺山林的缩微式手法，一拳之石代山，一勺之水似湖，不求形似，追求意境而达神似的效果。园林中除造景之外，尚须满足园主宴请、读书、闲居、赏玩等诸多功能，因此生活建筑项目较多，在园林总体构成中占据较大的比例。与皇家及寺观园林不同，江南园林建筑的艺术处理十分精细，匠心独具，巧思迭出，在内外檐装修装饰及庭院空间的设计上皆有精湛的表现，有些手法甚至影响到北京的皇家园林。再则，江南地区气候温润，四季温差不大，建筑装修须注意通风防潮，造成江南园林建筑装修空透的特点，为此也形成了许多有艺术特点的装修手法，为中国传统建筑艺术宝库增添了新的内容。

江南私家园林的兴旺发达，也带动了造园理论的提高，涌现出一批技艺高超的造园家和匠师，以及他们的著作（图1–5）。其中最著名的是明末计成所著的《园冶》一书。计成，字无否，

图1–5 陈植《园冶注释》

江苏吴江人，生于明万历十年（1582 年），幼时即以书画闻名，中年漫游江北及两湖，后定居润州（今镇江）。游历过程中，他深得中国山水艺术境界之妙。计成醉心于园林技艺之创制，曾以其山水造园理念，为当时官宦富户营造宅园多处，遍及镇江、常州、扬州、南京等江南地区，成为著名的造园家，晚年在其丰富的造园实践之基础上，总结撰写了《园冶》一书。该书是我国首部园林理论著作。《园冶》共分三卷。第一卷包括“兴造论”及“园说”篇，主要阐述园林设计理论，即探讨如何因借用地环境，以及利用地形，总体布局，园林建筑的建造，园林建筑装修等园林设计各方面的细节。第二卷是专论栏杆的设计。第三卷介绍了门窗、墙垣、铺地及掇山（即叠山）的形式及做法，并附有图样。从建筑装修及装饰方面看，在《园冶》第一卷“园说”的装折篇及第二卷、第三卷中皆有详尽的论述，并有附图（图 1–6），是了解江南建筑风格的必要读本。

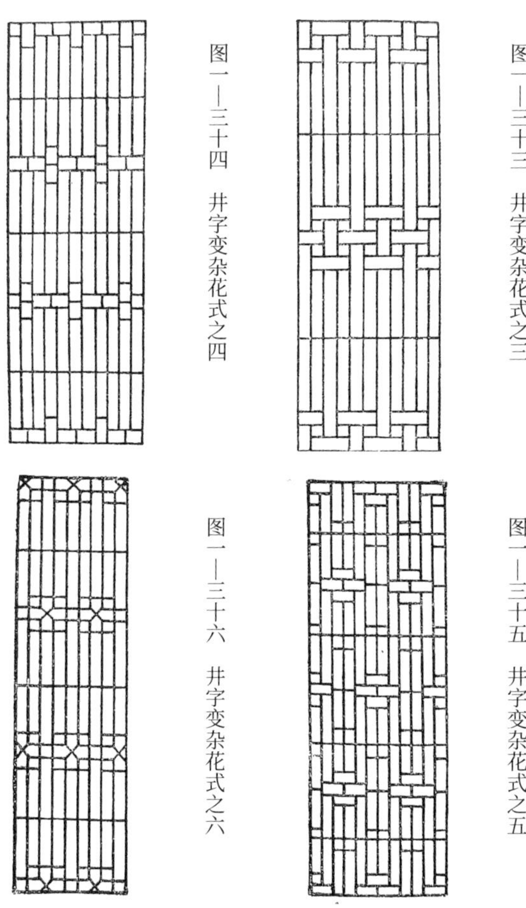


图 1–6 《园冶》装折图式

文人参与造园的另一名家为李渔，号笠翁，兰溪人，生于明万历三十九年（1611 年），稍晚于计成。李渔是一位兼通绘画、词曲、戏剧、造园多方面才艺的艺术家，为友人规划设计过多处园林。其晚年著有《一家言》专著，又称《闲情偶寄》。该书共分 9 卷，其中 8 卷讲述的是词曲、戏剧、文玩等方面的内容，而第四卷的“居室部”主要介绍有关建筑及造园创见，讲述了在房舍、窗栏、墙壁、联匾、山石方面的设计理论（图 1−7）。他反对墨守成规，主张创新树异，在窗栏一节中提倡“框景”“借景”“移步换景”等，这些都成为江南园林常见的手法。此外，文震亨所著的《长物志》亦有关于园林设计的论述。《长物志》共分 12 卷，其中“室庐卷”对园林建筑的门、阶、窗、栏杆、照壁等建筑细节详加论述，主张雅古兼容，宁朴勿巧，是属于简约派的构思，文人园林的想法。在花木、水石、禽鱼三卷中亦涉及园林景观的构成，表达出他的好古之情。总之，从上述文人造园家的理论与实践中，可以看出明清时期的江南园林在建筑装修与装饰方面的进展与成就。

册页匾

秋叶匾

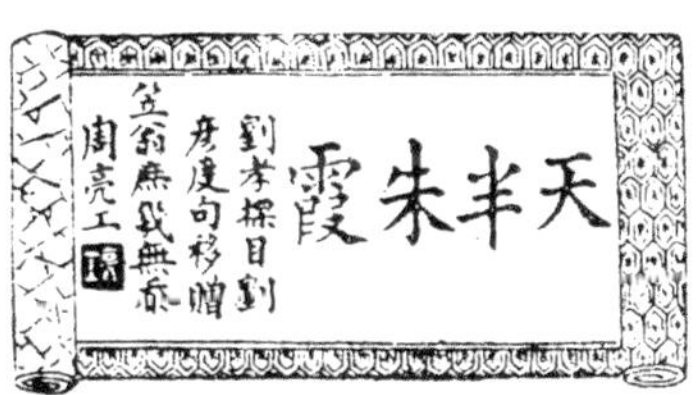


手卷匾

虚白匾

图 1−7 《一家言》匾额图版

## 五、江南民居

民居是生活实用建筑，量大面广，是各地建筑中数量最多的类型，也是最具地方特色的建筑类型。江南一带气候温润，雨量充沛，土地肥沃，农渔各业发达，自古以来就称为鱼米之乡。该地区内水网密布，水陆交通互为补充，十分便利，这些自然条件造就了江南民居的地域特色。江南民居包括村镇住宅及城市住宅两部分。村镇住宅多傍水而建，一般宅前为街路，后部依水，取其便利。村镇住宅从一间至三间不等，或为两层楼居，但无院落。商业小店和手工作坊多为下店上宅或前店后宅的设计，用地十分节省。村镇住宅外檐简约，商店临街前檐多为可拆卸的门板，白天卸板露天营业，晚上装板关闭（图 1–8）。手工作坊的外檐多安吊闼窗（一种白天可吊起的实板半窗），多为三扇，另一边安设板门，称“一门三吊闼”式样。白天吊起可采光，做手工劳动，兼有防风避雨、遮挡视线的

图 1–8　浙江嘉兴乌镇街巷

图 1-9 浙江嘉兴丁家桥一门三吊闼

功能，晚上封闭（图 1-9）。村镇住宅的装修简单，没有多少装饰，仅在一些楼房的楼层出挑撑木上做些雕刻，或在封火墙头做些纹饰。住宅临水的一面多设踏步码头，便于洗濯及水运。上部楼层多为和合窗，可临河眺望（图 1-10）。少数村镇富户的住宅可以带有厢房及院落，在入口楼房的前门设计探海梁，是一种有雕刻装饰的月梁，以示尊贵，这也是江南村镇住宅中特有的装饰形制（图 1- 11）。

图 1-10 浙江嘉善西塘临水民居

图 1-11 浙江嘉兴乌镇民居探海梁

城市住宅中的一般平民小户的住宅与村镇住宅相似。但官宦富商大户的住宅有一定的规制，一些封建礼制、宗法观念、纲常伦理、尊卑等级的要求等，亦反映在建筑上，对各类用房的位置、装修、面积、形制等方面皆有影响。大宅的基本单元为“落”，即指一横向的厅屋，一般为三间或五间。“落”前有一小院及院门（或为住宅砖雕石库门），没有左右厢房，这样的组合称为一“进”。一般住宅可能仅有一进，而大宅可能有多进，形成住宅的纵轴线。更大的住宅也可有多条轴线，千门万户，用地甚广。如苏州铁瓶巷任宅即是有三间五进，三条轴线的巨宅（图 1–12）。大宅内部交通主客

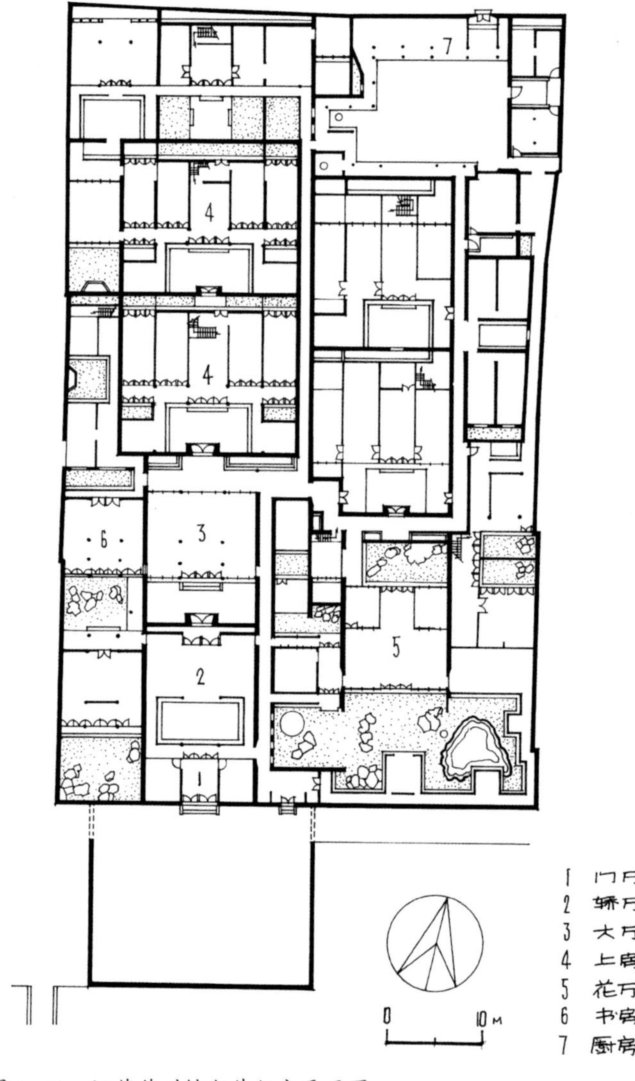


图 1–12 江苏苏州铁瓶巷任宅平面图

可通过每进的院门联系，而在主轴一侧设置备弄（一个狭窄的通道），供仆人杂役进出，以示尊卑有别。大宅各进厅屋皆有专属功能，分工明确。主轴最前沿街的建筑为门厅，作为院门或门楼，门楼两侧为门房或仆役住房。第二进为轿厅，为无前檐装修的敞厅，为主人停轿之处。第三进为正厅，为外客厅，婚丧嫁娶和接待外宾的处所，一般装修最为豪华。第四进为内客厅，为家庭内部聚会之所。最后一进为二层的楼厅，表现传统的前堂后寝制度，底层多设祖宗牌位或餐厅，上层为主人居室。两侧轴线各厅可安排书房、藏书楼、女厅（子女卧房）、花厅、客房等（图 1-13）。带有宅园的大宅，多

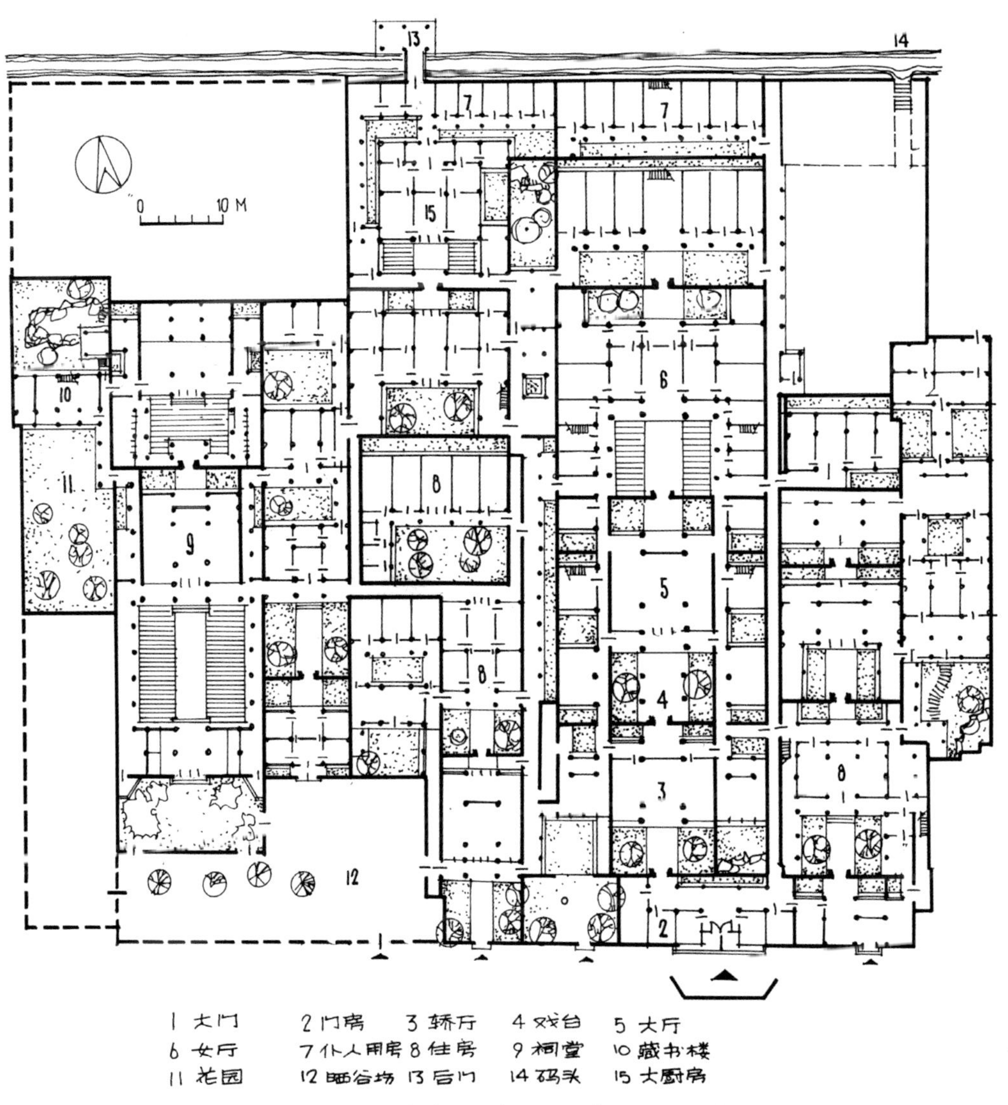


图 1-13 江苏苏州天官坊陆润庠故居平面图

图 1-14 江苏苏州网师园大厅室内全景

将花园设在宅院之后，或宅院之旁。江南大宅内建筑众多，厅堂各异，装修与装饰豪华细致，如外檐长窗、半窗、栏杆、挂落、轩顶、屏门、花罩、砖雕、木雕、家具、陈设等，皆具有较高的技术和艺术价值，是江南民居中的精华范例（图 1-14）。

大量的传统民居经社会的发展及历史的变迁，十不存一，多数已不复存在。中华人民共和国成立初期，同济大学陈从周先生率子弟测绘苏州民居，著有《苏州旧住宅参考图录》，为我们留下一部珍贵的素材。改革开放以后，政府投资整修了部分大宅，大宅面貌得以重现。如苏州拙政园旧张宅、网师园旧李宅、无锡薛福成故居、顾毓琇故居、苏州东山明善堂明代住宅、杭州胡雪岩故居、常熟翁同龢故居及古琴艺术馆等，使我们有条件了解当时大户人家的住宅及生活状况，以及建筑技术的发展（图 1-15）。

图 1-15 江苏苏州东山杨湾明善堂大厅

# 六、江南民居园林装修及装饰

装修一词在香山匠人中称为装折，在《营造法原》中专门有一章文字介绍有关知识。建筑装修是指在建筑物的承重结构（木结构或砖木混合结构）建造完毕，屋面亦已铺装以后，为了围护、遮拦、通风、采光，而在建筑外部构建的围护结构，以及为了建筑内部空间分隔的需要而建造的分隔结构，它们不承载屋面质量，可以拆卸移动，因此比较容易加工，形式多样，是表现建筑美观的重要手段。装修分为外檐装修及内檐装修两部分。

外檐装修包括槅扇门及槛窗，香山工匠称之为长窗与半窗，可能因为外檐门窗皆可开启及拆卸，与窗户类似，仅高矮不同而已，故皆称为窗。《营造法原》中尚有一种风窗，即宽度为长窗的两倍，两侧设立框（称边梃），单面开启，设在当心间的中央。但在现存实例中很少看到，可能因为门扇过宽，容易下垂变形之故。此外尚有一种窗称和合窗，一间三排，每排上下三扇，上下扇固定，中扇可向上吊起，窗形为扁方形。除了三种窗以外，外檐装修还应包括建筑外廊的栏杆、挂落及轩顶，这些都属于小木作工种。上述各类窗形的美学重点在于窗上的棂格，北方建筑称为槅扇心，江南称为内心仔。

内檐装修包括屏门、槅扇、花罩等。屏门是室内间隔用的板门，因江南厅堂建筑与北方建筑不同，其前后檐皆有装修，后檐有门可通后院，因此在室内需要设屏门以遮闭视线。槅扇即是将长窗设于室内，以分隔空间，因无采光、避风、隔热等功能要求，其内心仔可处理成多种形式。早期在棂格上糊纱，故《营造法原》中称为“纱槅”，北方称“碧纱橱”，实际后来演化出多种内心仔形式。内心仔可以透空木雕，或装木板，板上可装裱字画等，并不仅是糊纱，故以“槅扇”称之为宜。花罩是一种空透的内檐装修，室内空间互通，但又有区分，似隔非隔，隔而不断，在园林及厅堂等大型建筑中常用。此外，匾联与家具虽非直接依存于建筑物上，但对室内的艺术环境有深远的影响，在内檐装修上应予以高度的重视。

装修的设计与建造不应只停留在建筑物上，对院落空间及墙体装修亦是重要内容。墙体装修包括各类院门、墙顶、月洞空窗、漏窗等在墙体上的细部建造。院落空间的修饰主要有两项，即铺地与行廊，皆可增加空间感观的艺术效果。再有即是建筑细部的装饰，包括雕刻、灰塑及彩画三项。

上述江南建筑的装修与装饰的主要地方风格特色是什么？各人见仁见智。但若与北方建筑进行比较，则会发现其独具的艺术风格特点，主要有三项，即空透、精致、素雅。

空透是指江南建筑装修的空透部分多，室内外空间相互联系，室内空间隔而不断；而北方建筑多为实体隔绝内外，以增保温绝寒的效果。在北方，建筑物的山墙及后檐墙皆为封闭的砖墙或夯土墙，仅前檐为木质装修，以供采光，前后建筑之间的交通须经过室外。而江南厅堂建筑的前后檐皆为木装修，前后气流通畅，甚至两侧山墙也可设置花窗，可观室外景色。在园林建筑中还可设四面厅，前后左右四面皆为木装修，观景四达，视野开阔。甚至可以取消装修，成为敞厅。厅堂次间的半窗（即槛窗），可以将下面的槛墙改为木栏杆，以增加空透的效果，冬季在栏杆外增设护板，可随时拆卸。室内应用的各式花罩，隔而不断，空间相连。花罩可以说是江南建筑独有的装修手法。室外院落墙体上多设置月洞、漏窗，使不同院落空间相互渗透，景色连绵，有限空间产生不尽之感（图 1–16、图 1–17）。虽然江南建筑的空透设计是源于当地的气候因素，但在

图 1–16　江苏苏州拙政园远香堂玻璃长窗

图 1–17　江苏无锡薛福成故居

实用的基础上，将其转化为艺术表现应是建筑工匠高超的创意构思，值得深思。

精致是江南建筑装修装饰的另一特点。在棂格加工、花罩雕刻、梁架制造、庭院铺地、清水砖刻等方面，皆表现出精工细作、一丝不苟的工匠精神，做出的活计，表面光洁，线条挺拔，构件交接准确，雕工繁细活泼，是建筑装修工作的上等水平。精致是江南手工技艺的优良传统，它表现在各个方面。如苏州刺绣是全国驰名的作品，不仅做工细致，还可双面刺绣不同图案；苏州牙雕亦全国著名，近年发展起来的核雕，在不及盈寸的橄榄核上雕出佛像罗汉等面部表情各异的造型，可称巧夺天工；苏州家具以清秀见长，是中国家具的三大流派之一；苏州砖刻以雕琢人物著名，在国内成为名派之一；此外苏州制衣业、无锡纺织业、淮扬餐饮业等皆有技术特长之处。所以流风所被，影响到建筑、手工业，也就不足为奇了（图 1-18、图 1-19）。

素雅是文人园林所推崇的设计思想，《园冶》中称屋宇设计要“意尽林泉之癖，乐余园圃之间”“时遵雅朴，古摘端方”。江南地区是文人墨客、退隐官吏、大族富商聚居地区，文化程度优于各地，文人向往自然山林野趣成为当时的时尚，自然也反映在建筑上。江南建筑用金甚少，与闽广建筑的反差极大，加绘建筑彩画亦十分慎重。建筑木构油饰多为黑色和栗色，或木植本色。门窗棂格中以简单的柳条格为主，计成的“兹式从雅”，比较受推崇。重视匾联、

图 1-18　江苏苏州狮子林

图 1-19　上海豫园点春堂梁架木雕

题刻、字画在建筑室内的装饰作用。建筑外檐呈现白墙黑瓦马头墙的江南素雅风格。这些设计手法形成了江南民居园林的特有景象（图 1–20、图 1–21）。

关于建筑外檐装修、内檐装修、墙体装修、庭院空间修饰、建筑装饰等的详细内容，将在后面各章论述。第五章为历年测绘实例集锦，读者可参阅。

图 1–20　江苏苏州网师园

图 1–21　江苏无锡薛福成故居

# 第二章 外檐装修

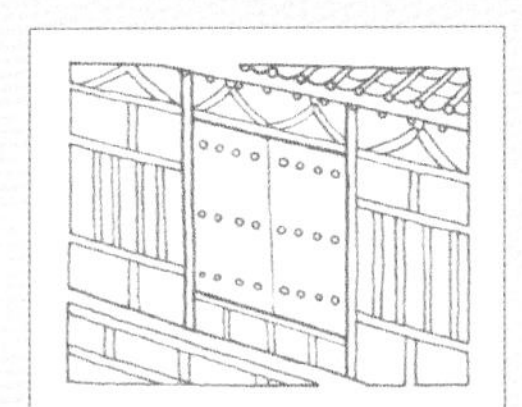

“装修”是清代才出现的称谓。宋代将非承重构件的木作工艺称为小木作，包括门窗、室内隔断、天花藻井、楼梯栏杆等，同时也包括众多的小件，如版引檐、水槽、悬鱼惹草、井亭子、拒马叉子、牌匾、龛橱等，总计有42种之多，即稍为精细的木工活计，统归小木作工种。此后，由于施工的精细化，将这一工种进一步细分，清代建筑业已不再使用小木作这类内涵庞杂的名称，而代之以装修作、家具作（或称陈设作）、佛作等。装修作包括门窗类的外檐装修及隔断类的内檐装修两大类。在清工部《工程做法》里的装修作的细目中，包括有槅扇、棋盘门、实榻门、槛窗、帘架、横披窗等，实际就是指门窗类。而室内隔断等工作则划归细木作。

## 一、外檐门窗

### 1. 长窗与半窗

门窗是建筑外檐最基本的围护构件。据文献记载，窗是指穴居和半穴居顶上开的采光通风的洞口，写作“囱”。后来建筑摆脱穴居，改为升至地面上造房，才开始在墙壁上开设门和窗。外檐门窗从周代开始，当心间的门一直设计为双开板门，门上有饕餮铺首门环，次间为直棂窗，不能开启（图2-1）。从汉代明器的造型还可看出，

图2-1　山东沂南汉墓石刻 东汉

除直棂窗以外，尚有方格、斜方格、斜格套环等多种样式，但皆是固定窗。南北朝时期的大型建筑的板门上出现门钉，可能因门扇过大，用门钉与门扇的穿带木钉牢，防止产生变形。相沿成习，门钉一直是封建帝王宫殿的豪华象征，一直应用到现在（图 2–2）。隋唐时期仍然遵循当心间用板门，次间用直棂窗的常式，可以说这种门窗形制用了千年以上。在现存的唐代建筑山西五台山佛光寺东大殿，及河南登封会善寺净藏禅师塔、山西运城报国寺泛舟禅师塔等实例中，也可证实此点(图 2–3、图 2–4)。至宋代，外檐门窗有了巨大的改进，虽然仍使用版门（板门）及破子棂窗（棂条是三角形的直棂窗），但已经出现了可以采光的槅扇门，以及可以拆卸的槛窗，使得全部外檐（三间或五间的宽度）皆可采光，极大地改善了室内的明亮程度。宋代的槅扇门称格子门，其构造

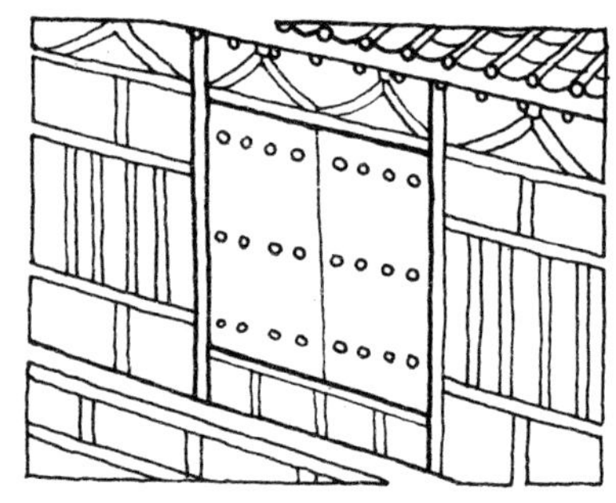

版门、直棂窗
河南洛阳出土北魏宁懋石室

图 2–2　洛阳出土北朝石室雕刻的门窗

图 2–3　河南登封会善寺净藏禅师塔
唐天宝五年（746 年）

图 2–4　山西运城报国寺泛舟禅师塔
唐贞元九年（793 年）

明显是受宋代软门构造的启发。软门构造不同于版门，它不是用实板穿带的办法构成门板，而是用边框内加腰串形成骨架，外镶面板的办法构成门扇。在软门的上部改用花式透空的棂条即成为格子门（图 2–5）。宋室南迁，江南一带的民居建筑状况不明，估计格子门及槛窗会普遍应用，可能还有变化，从宋画中可看到一种全部为棂格的落地长窗（图 2–6），是适应江南气候的一种窗形，在江南园林建筑中的四面厅，即应用了这种落地长窗。宋代棂格式的格子门也传至北方，在金代寺庙等重要建筑上也开始用棂格式的门窗，如山西朔县崇福寺弥陀殿即用了棂格式门，但为了坚固，该寺采用的是版棂，稍显厚重。另外在金代的砖雕墓中也有格子门的表现图式（图 2–7、图 2–8）。

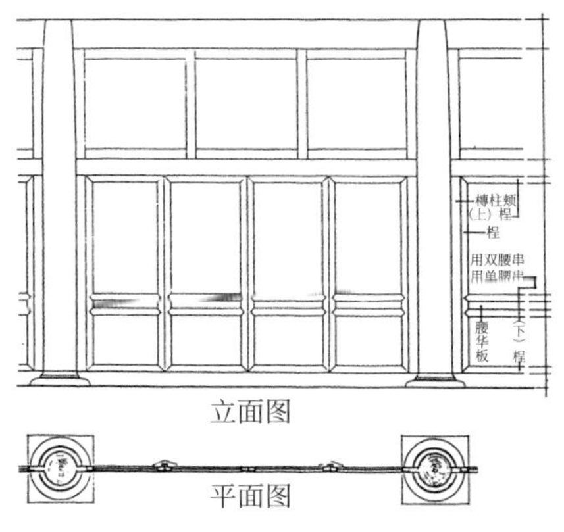


图 2–5　宋《营造法式》格子门图示

图 2–6　《四景山水图》冬景局部　宋　刘松年

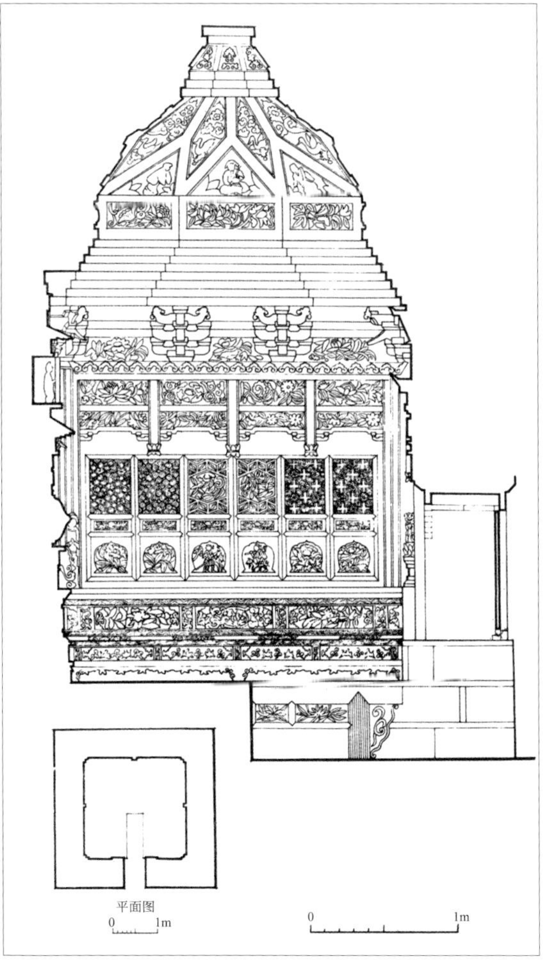


图 2–7　山西侯马金代董氏墓砖刻

图 2–8　山西侯马出土砖雕墓的槅扇门棂格图案 金代

明清之际，建筑的外檐门窗一般皆为可开启的槅扇门与槛窗，与宋代的不同之处是将门窗扇变得高而窄。宋代门窗每间四扇，每扇较宽，容易变形；明清改为每间六扇或八扇，每扇较轻，易于拆卸。明代的槅扇门称“户槅”，属古代地方语言，现已不再使用。目前香山匠人的术语中将槅扇门称为长窗，槛窗称为半窗，可能因为门窗皆可采光，故以窗称之。长窗的做法在《营造法原》中有详细的记载。“长窗为通长落地，装于上槛与下槛之间，若有横风窗时，则装于中槛之下。其构造以木材相合为框，竖者为边梃，或称窗梃。横者称为横头料（北方建筑称为抹头）。框内以横头料分为五部分，上端横头料之间镶板为上夹堂（北方建筑称为绦环板），其下为内心仔，以小木条纵横搭成花纹……其下为中夹堂，再下为裙板，裙板较夹堂板为高。最下为下夹堂。凡夹堂与裙板皆可刻以花纹，简单者雕方框，华丽者常雕如意等装饰”。据书中记载，长窗共有六条横头料，即北方建筑的六抹槅扇。而宋代的格子门仅有四条横头料，加之门扇较宽，故构造不太坚固，所以后代缩小了窗宽并增加了横头料。江南的半窗取长窗的上半部，只有四条横头料，形成上、下夹堂板，中为内心仔三部分。长窗各部比例有定则，上半部即上、中两夹堂及内心仔占六成高度，下半部占四成。使得当心间与次间门窗透明部分的高度相同，比例划一，整齐有序，形成严肃的观感（图 2−9）。夹堂板及裙板上可以雕饰，也可为素板。最具美学特色的是内心仔部分（北方建筑称槅扇心），内心仔的棂格图案各异，花样纷呈，将在下一节中详述。

半窗下半部分为槛墙，高约一尺半，可用砖砌，也可用木板，上设坐槛以承半窗。另有一种设计将槛墙改为木栏杆，栏杆内加设木板，称为地坪窗。这种窗形有灵活处理的特点，夏季极炎热的时候，可以将半窗及木板卸下，室内成为敞厅，以纳风凉（图 2−10）。外檐柱较高的大型建筑，可在长窗、半窗之上加设横风窗。窗形横长，中间以短枨均分为三格，格内心仔棂格图案与长窗相调合。横风窗为固定窗，不可开启。

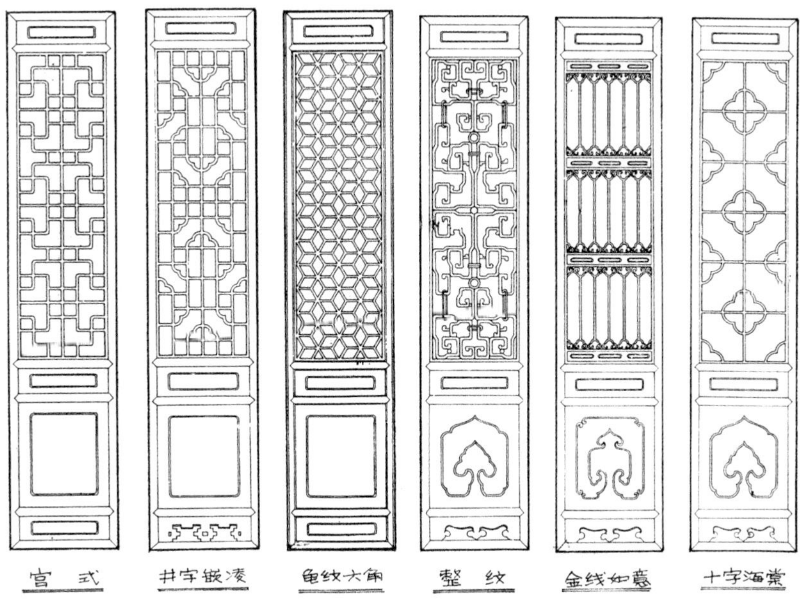


图 2−9 《营造法原》长窗图示

图 2−10 浙江湖州南浔小莲庄张宅敞厅地坪窗

## 2. 长窗、半窗的内心仔棂格设计

唐代末期已经出现了直棂的格子门，至宋代，重要的建筑已经普遍应用带有图案式棂格的格子门。据宋《营造法式》记载，格子门的格眼有三种式样，即四斜毬纹格眼、四斜毬纹上出条桱重格眼、四直方格眼。实际为两种，即四直正交与四直斜交，皆为通长的棂条相互咬接，应该是比较坚固的做法（图 2−11）。宋代格子门对程及腰串（即门扇的边梃和抹头）的美学加工较重视，在用料的看面起线有六种方式，所以格子门边料起线与格眼相配合，使格子门的图式增加了多种样式。现存的辽代河北涞源阁院寺大殿亦为棂格式格子门，但仍为板棂的模式（图 2−12）。金代格子门棂格图案更加丰富，从金代墓室的砖雕图案可知，当时已有套八方、斜万字、田字格套花饰等更复杂的图案，也就是说除通长棂条之外，也有短棂条参加图案的构成。

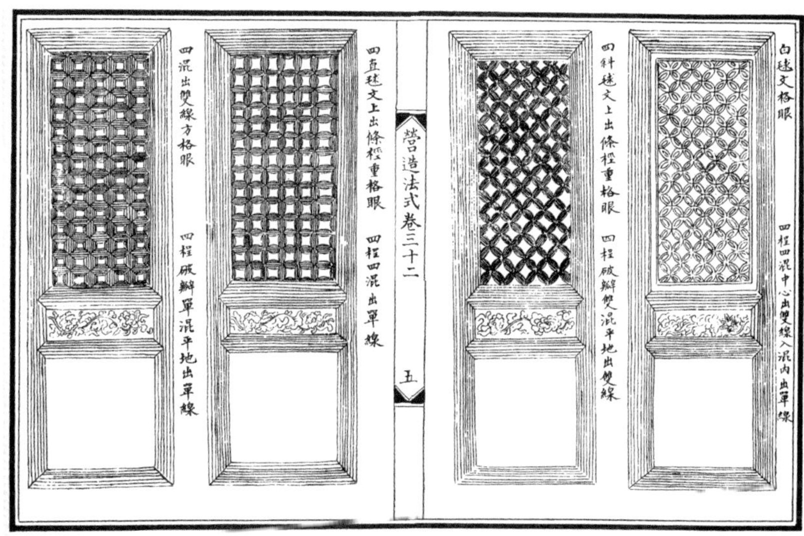


图 2–11　宋《营造法式》格子门棂格图案

图 2–12　河北涞源阁院寺大殿窗棂格

明清之际江南门窗的内心仔图样更丰富。计成在《园冶》一书中称，“古之户槅，多於方眼而菱花者，后人减为柳条槅，俗乎‘不了窗’也。兹式从雅，予将斯增减数式，内有花纹各异，亦遵雅致，故不脱柳条式”“古以菱花为巧，今之柳叶生奇”。所谓柳条式即以垂直的直棂为主的图式，此式便于糊纸，在江南地区为了防雨打湿窗纸，可以用油浸纸或明瓦片，故以柳条式为宜。据《营造法原》介绍，“明瓦为半透明的蛎壳（即蚌壳，经煮软、剥层、剪裁成形），方形，以竹片为框（实为压条），嵌镶其内，钉于窗外。故其花纹之搭配，常限于明瓦之大小”。退隐官宦及富商大贾，喜好各不相同，不能强求一致，故现存的门窗内心仔的棂格形式是多样化的，棂格多样化代表了建筑美学在进步演化中。

江南建筑门窗棂格风格较为素雅疏朗，与北方建筑三交六椀菱花的粗壮豪华风格不同，与闽粤建筑多用的夔式乱纹的纤细多变风格也不同。江南建筑门窗棂条多为长方的棍形，不加雕饰，棂条上没有涨出的附加物，比较干净整洁，淳朴自然。其艺术特色完全依靠图案的组织变化形成，故其构图形式较各地建筑的图式更为丰富多变。江南建筑门窗棂格有几种基本图案，即万川（卍字相互穿连）、回纹（回字穿连）、书条（即柳条格）、冰裂纹、八角、六角（龟

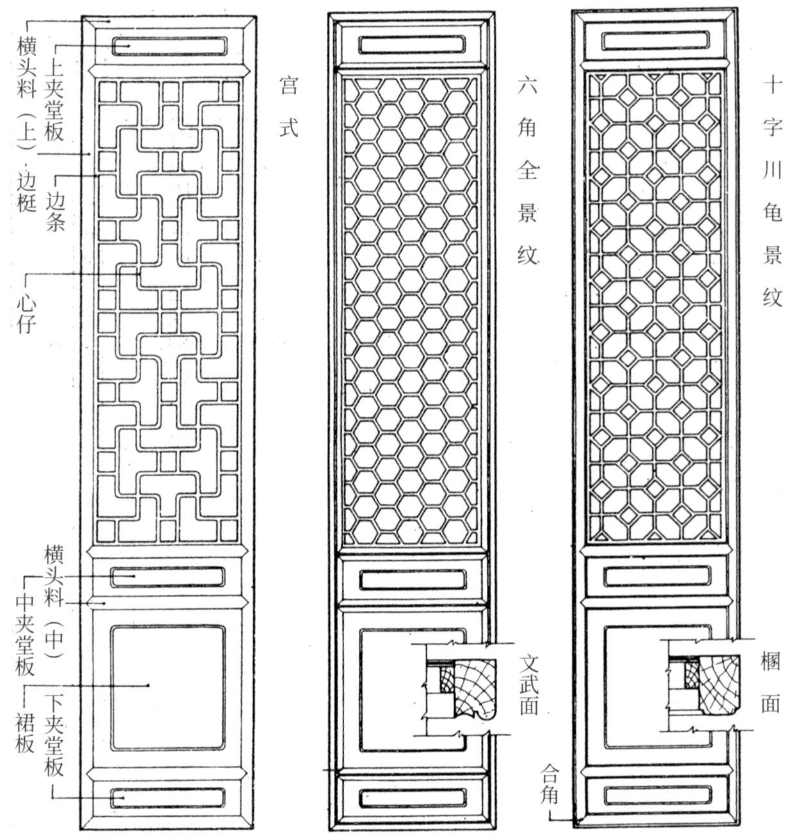


图 2-13 苏州地区长窗图样

背锦）、灯景（斜十字穿插）、井字嵌菱花（四出花瓣）、如意纹等数式。以上各式相互配合，可产生许多新图式，而且彼此之间的风格保持协调一致（图 2-13）。

从发展的角度观察，众多的内心仔棂格可以分成两大类，即糊纸窗格和镶玻璃窗格。纸窗格亦有变化的过程。其最初的形态即是柳条格，完全以直棂条组成的窗格，如柳条式（北方建筑最简略的一码三箭窗格即属此类）、井字格、柳条加井字、井字加杂花、玉砖街式（类似北方的步步紧式）等，它们皆是以通长的棂条加部分短棂条组成。计成在《园冶》中曾为柳条格设计出 43 种变式，可谓巧思（图 2-14 ~图 2-16）。有些窗格也可以完全用短棂来完成，

图 2-14　苏州忠王府张宅后楼直棂槅扇

图 2–15　江苏苏州虎丘送青簃

图 2–16　浙江桐乡乌镇民居直棂半窗

短棂条可拼接出复杂的图形，如龟背六方式、八方式、宫式（卍字变体）、书条川卍字式、十字长方式、回纹卍字、冰裂纹等（图 2–17 ~ 图 2–19）。以上各式还可以套接，组成更复杂的图案。在后期的棂格中，短棂还可做成弯曲的弧线，这种曲棂可组装成柿蒂纹、海棠纹、菱花、乱纹（夔纹）、如意纹式、软脚卍字式等更随意的棂格图式（图 2–20 ~图 2–22）。有的门窗的窗格中加入木雕饰件，使几何

自上而下
图 2-17 江苏苏州怡园碧梧栖凤馆
图 2-18 江苏镇江五柳堂门窗棂格
图 2-19 江苏苏州吴江同里镇某宅门窗窗格

图 2–20　江苏苏州网师园大厅长窗

图 2–21　江苏宜兴陶宅正厅长窗

式棂格中兼容了生动的人文图像，这种变化完全脱离防寒采光的物质要求，成为业主宣扬财富的一种手段（图 2–23）。应用短棂及曲棂的内心仔在组装中，需要有更精细的施工技术，这是江南工匠擅长之处，所以江南建筑的传统门窗中的曲棂在厅堂外檐装修中得到广泛的运用。现存的长窗、半窗的实例绝大部分已改为玻璃采光，但其棂格图案的组成方式仍是源于糊纸棂格的原则，即棂条间距仍以三寸左右为统一的标准，故仍保留了疏密合宜的传统建筑门窗艺术风格。同时由于这种内在规律的制约，使江南建筑外檐呈现出一种规律美感，尤其在三间或五间的大厅堂，遍布全屋的犹如纱网般的棂格网，显现出雄阔庄严的艺术效果，是其他地区外檐装修不可比拟的（图 2–24）。当厅堂的明间长窗全部开启以后，厅堂内外空

图 2–22　江苏扬州汪氏小苑树德堂长窗

图 2-23　浙江宁波秦氏宗祠乱纹窗格加饰件

图 2-24　江苏苏州网师园大厅

间交融在一起，两侧纱网般的棂格衬托出中间明亮的室外园林景色，构成疏与密、明与暗、规矩与自然相互融合的优美构图，这种组合手法在江南建筑装修中屡见不鲜（图 2-25）。

对江南建筑门窗棂格设计影响最大的是玻璃的应用。玻璃代替了纸张，明亮洁净，不用更换，应该说门窗上不再需要棂格加固，但由于人们的习惯及视觉暂留现象，觉得门窗上还应该有棂格，才

图 2-25 江苏苏州网师园大厅外檐装修

显得建筑物的高贵与华美。玻璃应用后对棂格图案的直接影响是棂条密度降低，不必遵守棂条间距小于三寸的规定，虽然还是传统的棂格图式，但构图变得疏朗，室内外的能见度大为改善（图 2−26、图 2−27）。再有就是出现了边缘式棂格，周围是棂条格，中间留出大块空白，便于观赏室外景色。边缘式棂格打破了传统满铺式，可以随意选择棂条搭配，可繁可简，可用短条、曲条，以及盘藤式组

图 2−26 江苏苏州狮子林

图 2−27 江苏苏州拙政园远香堂

成边缘，还可参加雕饰。内心仔的空白部分，还可做成长方式、长八方式或圆光式，灵活自由（图 2–28 ~图 2–30）。边缘式内心仔为组合设计或单独设计的花窗提供了艺术发挥的可能性。有些门窗棂格可以分成二段或三段处理，每段各不相同，增加了棂格设计的多样性（图 2–31、图 2–32）。

图 2–28　江苏无锡薛福成故居一

图 2–29 江苏苏州狮子林二

图 2–30 江苏苏州网师园一

图 2–31　江苏苏州网师园二

图 2–32　江苏苏州东山春在楼

清末民初，一些富裕人家开始采用彩色玻璃装点门窗，这些人家多有海外背景。如外交官薛福成，出自书香门第，为清末洋务运动的参与者，主张发展工商业以振兴经济，曾任驻英、法、意、比四国大使，著有《筹洋刍议》《出使四国日记》等。红顶商人胡雪岩，办私人钱庄，曾助左宗棠借外款达1200万两，并与外国人交往，建立洋枪队，官居二品，获赏黄马褂，在杭州建著名的胡庆余堂药店。苏州狮子林的主人贝润生，是上海颜料大王，因获得德国颜料“阴丹士林”起家，称霸业界，曾任“九业洋货同业公会”会长。这些人居住的大宅采用彩色玻璃除了好奇之外，也有炫富之意，同时彩色玻璃是进口的材料，只有官商才有条件使用。应用彩色玻璃是否受到西方教堂的彩色玻璃大花窗的启发，只能存疑了。门窗使用彩色玻璃有单色与彩色之别。单色多关注玻璃块的形状，如长方、斜方、菱形、桃形等，以取得有异于传统的棂格系统，形成新的图案组合（图 2–33 ~图 2–35）。彩色玻璃则可选用各色玻璃，混合搭配，并无特殊的设计意图，只求颜色鲜艳，花样翻新（图 2–36、

图 2–33　江苏苏州拙政园三十六鸳鸯馆

图 2–34 浙江杭州胡雪岩故居内厅一

图 2–35 江苏无锡薛福成故居二

图 2-37）。彩色玻璃除了与净片玻璃搭配以外，也可与印花玻璃搭配。如胡雪岩故居的百狮楼长窗及横风窗就是以彩色玻璃为窗心，以白色印花玻璃为边框组成，色彩感觉更为浓烈（图 2-38）。另外，尚有一种刻花玻璃，即在彩色玻璃上刻出各种花纹图案，刻划之处露出透明的净片本色，使图案更为细致鲜明，别有创意（图 2-39）。

图 2-36　江苏苏州狮子林燕誉堂彩色玻璃长窗

图 2-37　江苏苏州狮子林三

在胡雪岩故居的镜厅中，以大片墙镜反映出外檐彩色玻璃长窗，使之产生连绵不绝的透视感，亦是一个巧妙的创意（图 2−40）。彩色玻璃的应用，使门窗内心仔的艺术特色由棂格图案繁简精粗的评价，转变为色块形色的欣赏，棂格的结构意义逐渐消失，产生另外一种美学价值。

图 2−38　浙江杭州胡雪岩故居百狮楼

图 2−39　浙江湖州南浔小莲庄张宅

对于门窗棂格艺术的追求，更有甚者，将门窗内心仔以篆文印章、瓦当纹样、花叶造型等雕琢式图样代替棂条，安于心仔内，以求剪影的美观效果，完全脱离棂格的构造意义，但从唯美角度评价，无可厚非（图 2-41 ~图 2-43）。

图 2-40 浙江杭州胡雪岩故居镜厅

图 2-41 浙江湖州南浔小莲庄文字窗格

图 2-42 浙江湖州南浔崇德堂篆文窗格

图 2-43 浙江湖州南浔小莲庄文字窗格

### 3. 和合窗

和合窗为横向开启的扁方形的窗。建筑每间分为三档，每档设上、中、下三个窗扇，上、下两扇为固定扇，中间扇可吊起，以便通风观景。与此窗类似的窗形，北京有支摘窗，广东有满洲窗，但开启方式各不相同。北方支摘窗每间两档，每档分为上下扇，因地区寒冷，支摘窗为双层，外层上扇可支起，内扇为纱扇以利通风；外层下扇为木板扇，以利遮风避雪，白天可以摘除，内扇为糊纸的棂格扇，以利采光。广东的满洲窗每间分成三档，每档设上、中、下三个窗扇，下扇固定，上、中两扇的窗框上有卧槽，可上下推拉，以改变窗户的开敞空间。

和合窗这种窗式在历史上没有先例，故有的建筑史学家认为是在清朝入关，定鼎中原以后，将原满族居住建筑的做法引入关内，各地又依据地方条件加以改进，形成各有特色的横向开启的窗式。在吉林满族居住地的传统建筑中确实仍用支摘窗，这也是广东人称之为满洲窗的原因。

和合窗多用于次要厅堂，如花厅、女厅、书房、卧房等建筑，园林中的亭阁及旱船也常装置，市镇民居背面朝向河巷一面的楼层亦可安置和合窗。和合窗的功能特点是既敞又避，中窗支挑可观外面景色，下窗又可遮挡外人内视，所以很适合上述各类建筑的功能需要（图 2-44 ~ 图 2-48）。皖南民居的卧房外窗为双扇槛窗，但在窗外下半部安设密棂的腰窗，目的也是防止外人窥视，但不如和合窗方便实用。标准和合窗虽然是三档三扇的规制，但应用的实例

图 2-44　江苏苏州网师园濯缨水阁

图 2-45　江苏苏州拙政园留听阁

图 2-46　江苏无锡薛福成故居二

图 2-47　江苏苏州狮子林旱船

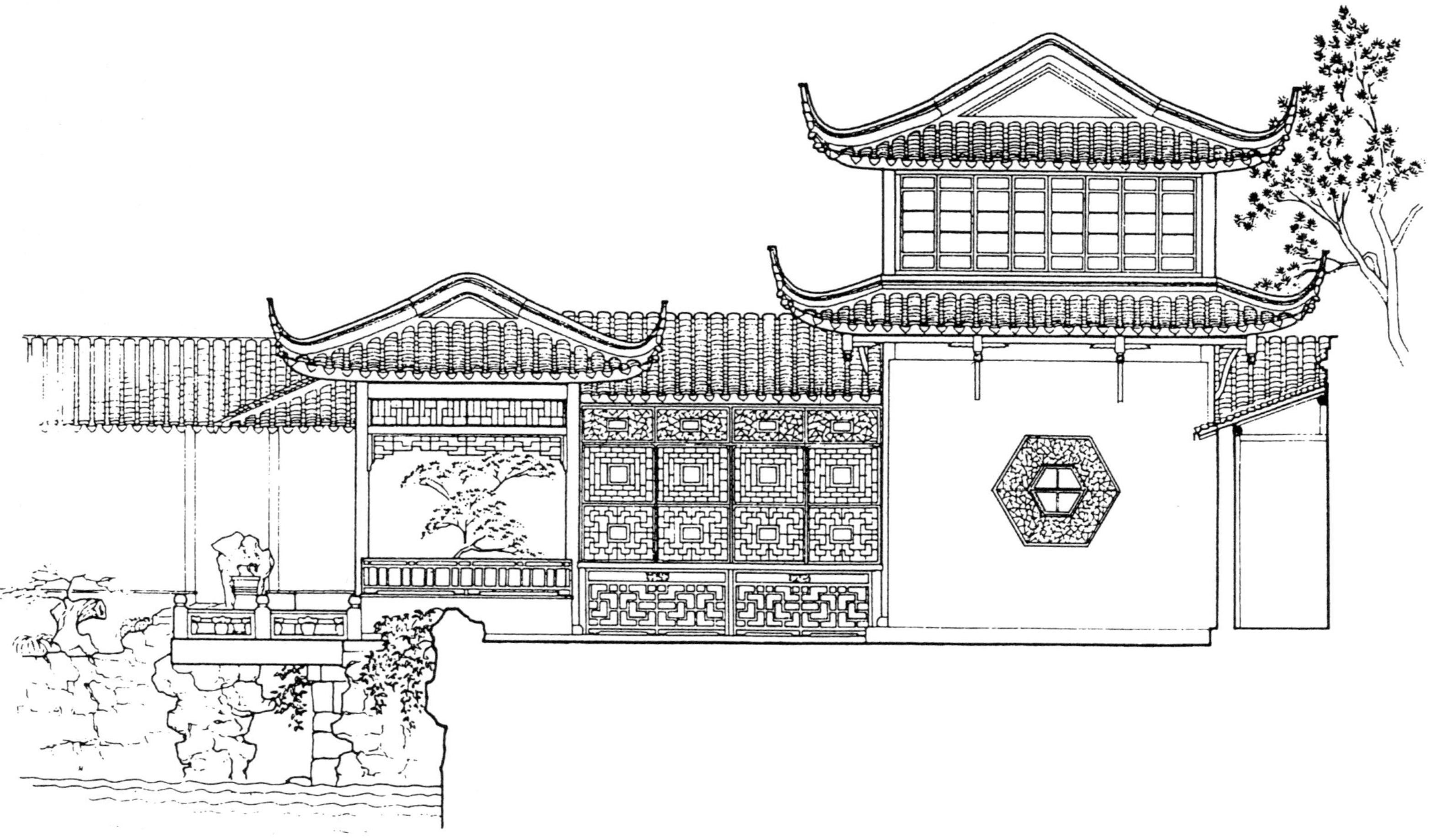

图 2–48 江苏苏州怡园画舫斋侧立面图

亦可变通。例如每档窗间可用两扇。若开间较大时，可将中档的窗扇加宽，内心仔设计成双构图（图 2–49），或者每间均分为四档设计。园林花厅的和合窗可以将上、中、下三扇皆做成可支起的活扇，增加空透的感觉，以适应园林空间景色（图 2–50）。

图 2–49　江苏扬州某宅和合窗

图 2–50　江苏苏州吴江同里镇退思园

## 4. 花窗

花窗是外檐装修的一种固定窗，不能开启，可增加室内的美化效果，一般设于后檐及两山墙壁上。计成在《园冶》中提到有一种风窗可做成梅花式、六方式、圆镜式等，已经有了花窗的创意。而在《营造法原》中对花窗并没有记述，它是在近代开始将玻璃用于门窗以后，派生出的一种建筑手法，用于室内装饰及采光，增加了建筑装修的艺术氛围。花窗一般为单独设置，或与半窗结合

图 2–51　江苏苏州网师园殿春簃测图

在一起组合为整间的装修，花窗位于中心位置，这种组合多设在建筑的后檐墙，通过花窗可以看到后院的花木山石等园林景色（图 2-51）。山墙上的花窗多与挂屏相配，成为一组窗屏联配的美学组合，可以一窗两挂屏，也可两窗一挂屏，皆可形成虚实对比的效果（图 2-52 ～图 2-54）。花窗的内心仔有多种组合，可以是满铺的棂格，类似园林中的漏窗，以图案之精巧见长；或是分组的不同棂格，以变化为佳（图 2-55、图 2-56）。而更多的设计是中心留出空白

图 2–52　江苏苏州留园林泉耆硕之馆

图 2–53　江苏苏州狮子林燕誉堂

图 2–54　江苏苏州虎丘

图 2–55　江苏苏州留园鹤所

的周边式棂格式样，以观室外景色，是为框景，随着四季气候变化，框景亦产生不同的画面，可称为活的墙画（图 2–57、图 2–58）。花窗空白处或方或圆，随宜而设。花窗的艺术欣赏角度以从室内观

图 2–56　江苏苏州网师园三

图 2–57　江苏苏州网师园四

室外为宜，具有剪影的效果。在建筑的外观上，花窗亦有很好的立面装饰作用，如苏州留园的曲谿楼，花窗与一系列半窗相配，使建筑立面更为活泼可亲（图 2-59）。花窗是江南建筑外檐装修的一项创造，平添出许多活泼的构图之美。

图 2-58　江苏苏州网师园殿春簃

图 2-59　江苏苏州留园曲谿楼

## 二、轩顶、栏杆、挂落

当建筑外檐设有外廊时，其装修会有三种处理手法。即在廊步的屋顶上设置吊顶，俗称轩顶；在两侧次间设置木栏杆；在通三间的额枋下设置挂落，这三种构件组成外廊的标准图式，是江南建筑的通常做法。当然在实际应用时也可省略某些构件，不强求一律，这也是江南建筑外观上的特色。

### 1. 轩顶

前廊设轩顶与江南厅堂普遍设置天花吊顶有关。在封建社会，民间建筑规模不得超过三间五架的规定。五架即指屋架仅有五根檩条承重，也就是房屋进深不过 6 米左右，对于厅堂来讲进深过小。因此民间建筑扩大了前面的进步空间，形成连续的两榀屋架，在其上设木构草架，构成统一的坡形屋面。没有逾越五架的规定。所以江南厅堂建筑室内皆有假的屋面吊顶，自然室外前廊部分也不宜露出构架，而采用吊顶的办法，与室外风格保持一致，并可增加廊步的美观，出发点完全是美学的要求。

前廊轩顶的样式有许多种，根据廊步的宽窄、轩桁（支持轩面椽子的小檩条）的多少及椽子的式样，分成茶壶档轩、弓形轩、一枝香轩、船篷轩、鹤胫轩、菱角轩等诸多形式（图 2–60）。轩梁上不设轩桁，直接上托轩椽，多用在较窄的前廊。轩椽为稍折的直椽，类似茶壶的提把，故名茶壶档轩。若为微曲的轩椽，则称为弓形轩（图 2–61）。轩梁上仅托一根轩桁的称一枝香轩，轩椽为双曲弯状，更像弓把，称为弓形轩更为确切（图 2–62）。这种轩式的轩椽还可以是折弯更大的船篷式。较宽前廊的轩梁上托两根轩桁的轩顶更为复杂。一则轩梁之上要设置副梁以托两根桁条；二则轩椽的变化增多。船篷式为主要形式（图 2–63、图 2–64）。此外，可以做成鹤胫式，即椽端弯曲如柔软的鹤胫（图 2–65、图 2–66）。或者做成菱角式，

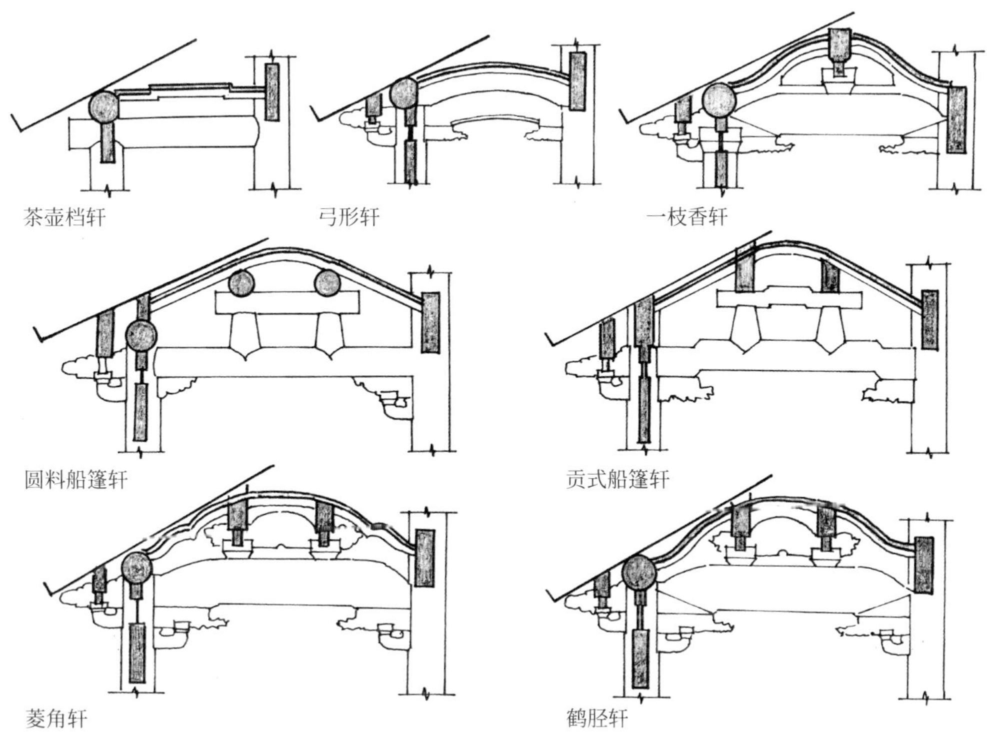


图 2-60　江南民居建筑廊步的各式轩顶

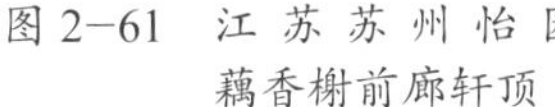
图 2-61　江苏苏州怡园藕香榭前廊轩顶

图 2-62　江苏苏州狮子林燕誉堂前廊一枝香轩顶

图 2-63　江苏苏州沧浪亭船篷轩顶

即椽端弯曲后又硬折类似菱角（图 2-67、图 2-68）。更复杂的做成连续三段菱角。也有将船篷与菱角结合的形式。同时，这类轩顶的轩梁及副梁有圆堂与月梁扁作之分（即用圆料还是用长方的扁料），还有许多附加的装饰构件如荷包梁、贡式梁、梁垫蜂头、抱梁云等，豪华的建筑还要加以雕刻及金饰，增加前廊的艺术风韵（图 2-69）。

图 2–64　浙江宁波秦氏支祠廊步船篷轩

图 2–65　江苏苏州拙政园三十六鸳鸯馆鹤胫轩

图 2–66　江苏苏州狮子林鹤胫轩

图 2–67　江苏无锡顾毓琇故居前廊菱角轩

图 2-68　江苏苏州狮子林真趣亭菱角轩

图 2-69　浙江宁波秦氏支祠廊步豪华轩顶

## 2. 栏杆

栏杆的形象起源甚早，周代青铜器上即有栏杆的图像，汉代明器及画像石上表现的栏杆多为简单的卧棂栏杆。唐代建筑发展成寻杖栏杆，即扶手杆件与栏板分开设计，节点处以包金装饰（图 2−70）。宋辽时期的栏板部分更加华丽，除了勾片式以外，还产生了许多回纹“十”字体系的图案。大同下华严寺薄伽教藏殿壁藏中的勾栏形式即达 34 种之多（图 2−71、图 2−72）。计成在《园冶》一书中亦曾绘出百余种图式，说明木栏杆在建筑外檐装饰中的重要作用。

在江南地区，廊间栏杆往往与挂落同时使用，上下呼应，起到阻隔的作用，兼有装饰效果。栏杆除装置在廊柱间以外，还可装在地坪窗或和合窗的窗下，以代替槛墙。此外，在亭榭、游廊、楼阁上层均可装置栏杆，起到保护与休息的作用。按材料划分有木栏杆、石栏杆、砖栏杆、竹栏杆、铁栏杆及混合材料栏杆，但在江南民居园林中以木栏杆使用最为广泛，美化的图案最丰富，砖

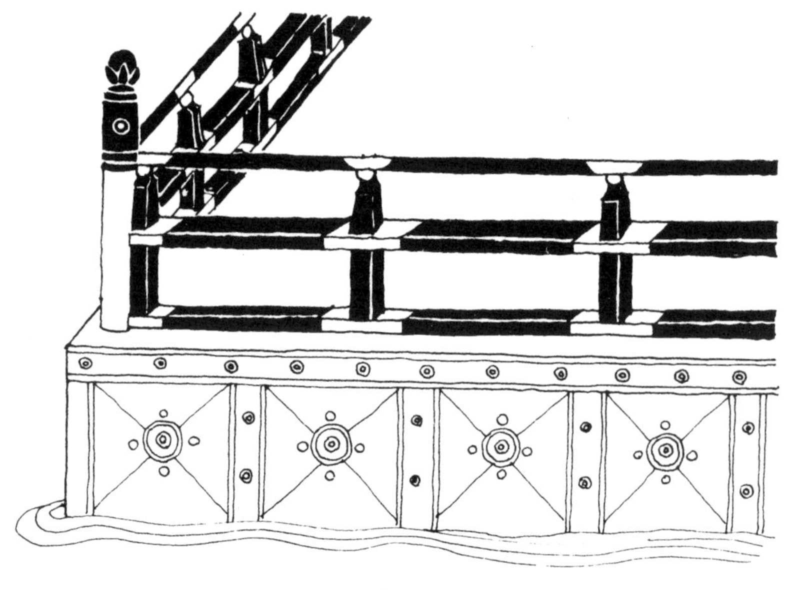

临水砖石台基
用斗子蜀柱栏杆，转角用望柱
敦煌石窟唐代壁画

图 2−70　唐代建筑栏杆举例

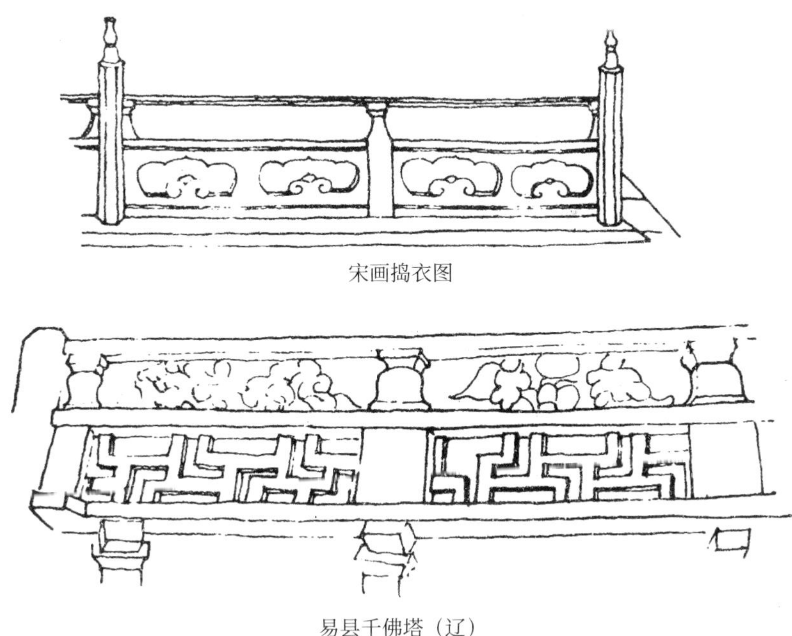

宋画捣衣图

易县千佛塔（辽）

图 2–71　宋辽建筑栏杆举例

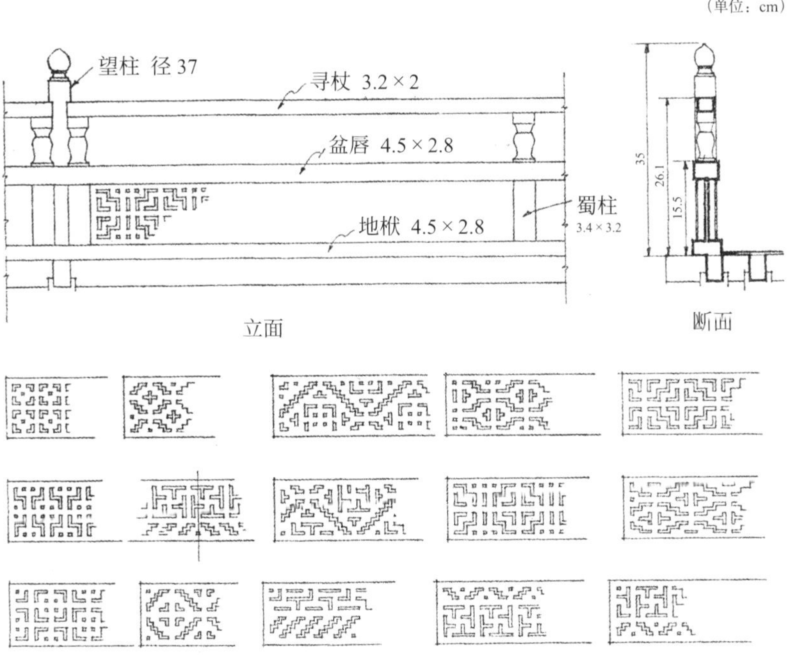


图 2–72　山西大同下华严寺薄伽教藏殿壁藏勾栏

石栏杆偶尔用之。江南建筑的木栏杆弱化了传统的寻杖栏杆构件的形象，以横头料将栏杆划分为两部分，上为夹堂，下为总档。总档是栏杆的主体，图案花式多样，基本为卍川、回纹、乱纹、灯景、藤茎、冰裂等式，简单的可用直棂重叠，或笔管、十字、六方、套方等式样（图 2–73）。其中以“卍”字与回纹的图案及其变体最普遍。这种图式与挂落及长窗图案相互配合，十分协调。卍当回纹栏杆又分为宫式（工式）、葵式（夔式）。区别在于，棂条的尾端是平直的还是蜷曲似夔龙尾状（图 2–74 ~ 图 2–77）。此式栏杆若棂条更加屈曲，密度增加，布置随意，则称之为乱纹式（图 2–78）。更进一步则可在棂条间增加雕饰小件，并贴以金箔，成为最豪华的木栏杆（图 2–79、图 2–80）。近代以来受外来影响，追求新颖，将西方的瓶式栏杆引入木栏杆中，将瓶式加以瘦化，但

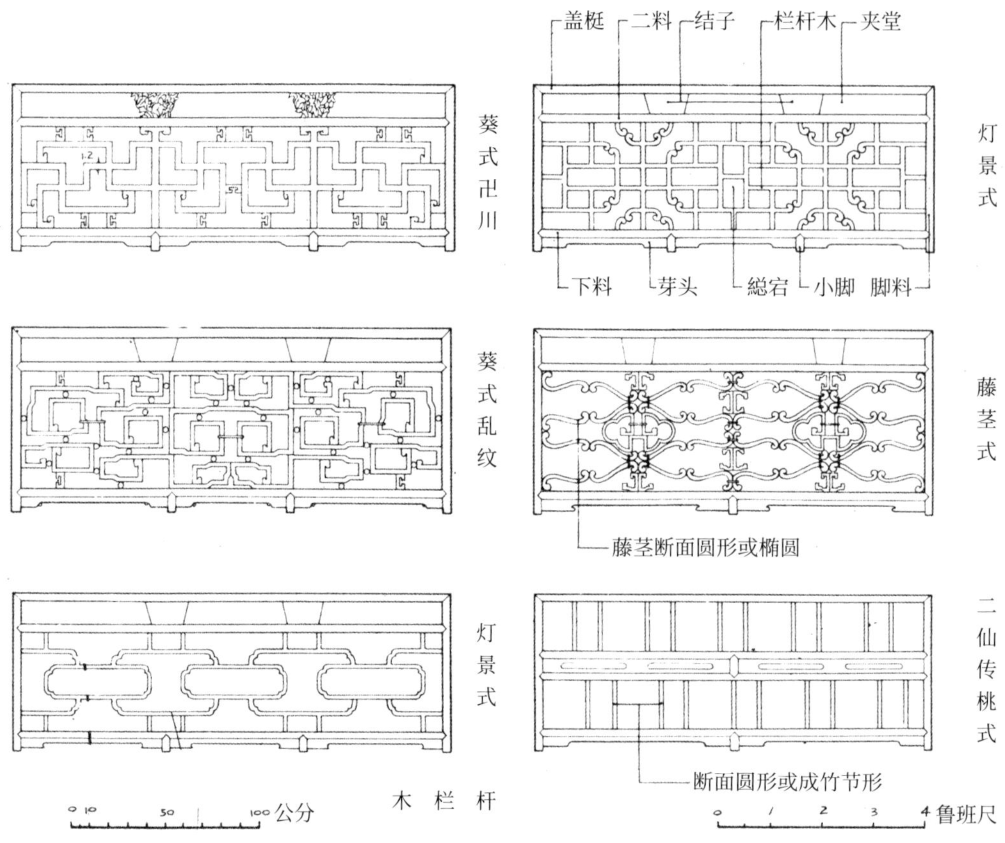


图 2–73 江南地区建筑栏杆举例

图 2–74　江苏苏州吴江同里镇退思园“卍”字栏杆

图 2–75　江苏无锡薛福成故居“卍”字栏杆

图 2–76　浙江杭州胡雪岩故居回纹栏杆

图 2–77　江苏无锡薛福成故居回纹栏杆

图 2–78　江苏苏州木渎镇古松园楼厅乱纹栏杆

图 2–79　浙江宁波秦氏支祠加雕饰栏杆

图 2–80　浙江杭州胡庆余堂药店大厅雕饰栏杆

总觉得距离传统形式过远，并非优秀之例（图 2–81）。有的实例以铸铁材料制作栏杆，虽然图式翻新，但制作不易，亦无普及的价值（图 2–82）。

另有一种坐凳栏杆，高度 45 厘米左右，可供人们坐息，多用于园林的游廊柱间，以便休息及观景。还有一种坐凳栏杆在坐板之上增加向外弯曲倾斜的短栏靠背，短栏曲度如鹅颈，故名鹅颈椅，又称美人靠。此栏杆适用于临水的亭榭、旱船，以及楼阁上层外廊上，使主客依栏凭眺湖光山色，并有安全感，故以美人靠称之（图 2–83）。

图 2–81　江苏无锡薛福成故居瓶式栏杆

图 2–82　江苏苏州东山春在楼后楼跑马廊铸铁栏杆

图 2-83　江苏无锡薛福成故居美人靠栏杆

## 3. 挂落

挂落是装在廊步外檐额枋之下的装饰构件。挂落起源于什么时代，已经无法考证。宋《营造法式》中没有记载，估计是在明清时期出现的地方做法。各地挂落形式各不相同，北京地区的挂落类似坐凳栏杆，棂条为步步紧式样，两端饰以简单的花芽子。山西民居建筑的挂落类似花罩，多为雕刻饰件，两端微垂。青海撒拉族、回族的枋下两侧为雕刻的雀替，相互对接，形似挂落。但全国大部分地区并无挂落，说明挂落仅为个别地区装饰外檐的手法。江南地区挂落皆为棂条组成，与门窗棂条有渊源关系。整体构图为对称式，两端下垂，高度变化不定，宽窄不同。常用纹样有卍川、藤茎、冰裂纹三种，以卍川居多（图 2–84、图 2–85）。更复杂的挂落可以中间下垂，并添加花篮、花瓶、扇面、秋叶等雕锦小件，使挂落更有装饰性（图 2–86 ~ 图 2–88）。

图 2–84 江苏苏州吴江同里镇退思园卍川挂落

图 2–85 江苏苏州拙政园大门卍川挂落

图 2-86 江苏苏州狮子林大门加花挂落

图 2-87 江苏苏州狮子林正厅前檐加花挂落

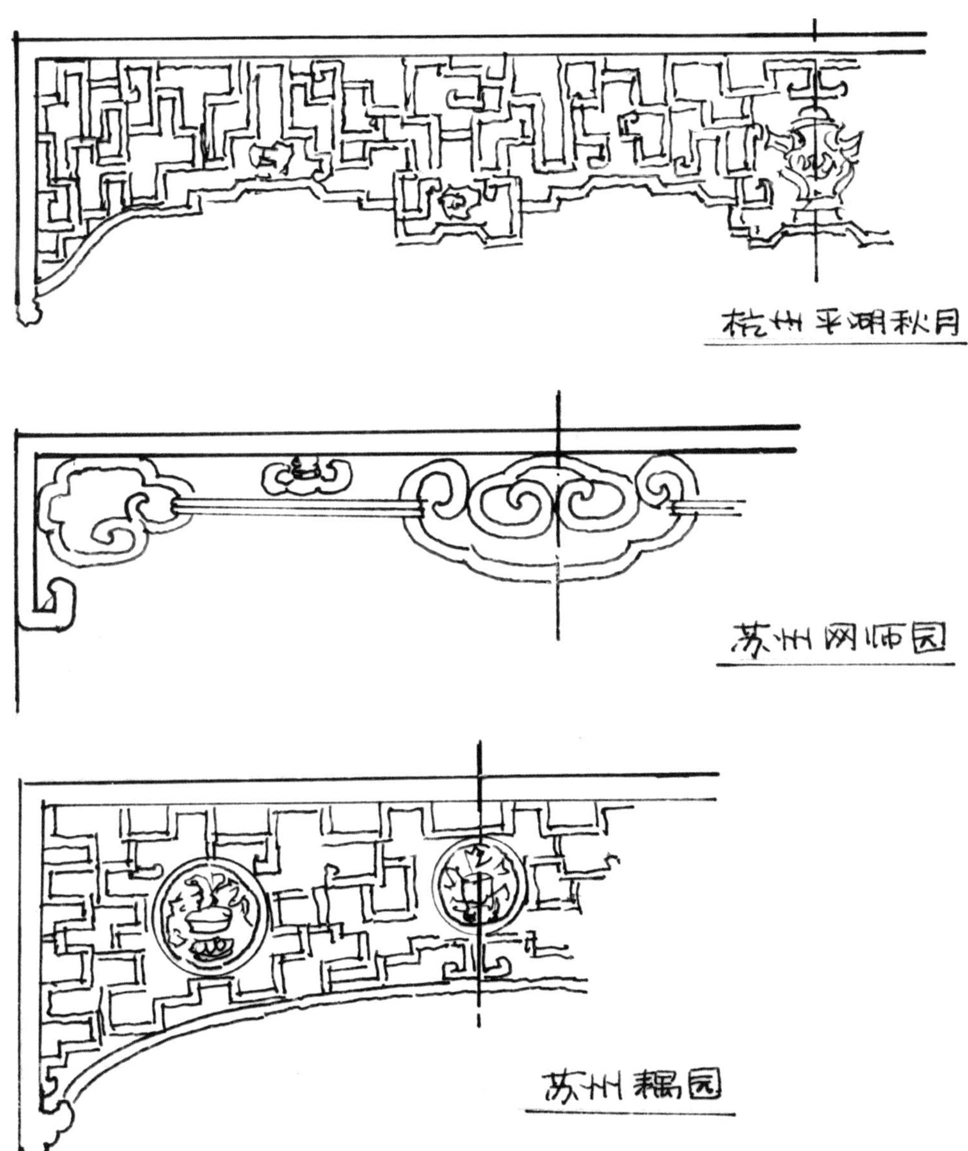


图 2–88　苏杭地区外檐挂落数种

# 第三章 内檐装修

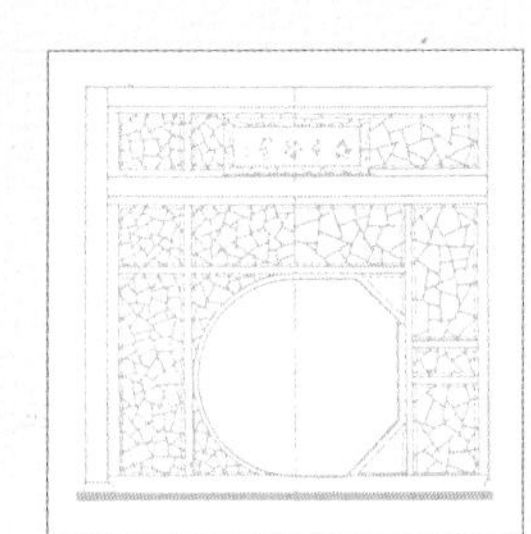

内檐装修是指室内的各种木质隔断墙，包括分间隔断及间内隔断。分间隔断是指毗邻两间的分隔物，虽然隔开，但仍可连通，为纵向布置。间内隔断多设在房间的后金柱部位，或中间部位，可单间设置，也可三间或五间联合设置，为横向布置。该隔断的前后亦可连通，甚至可以拆卸，保证空间完整，前后通达。内檐装修的形制有三种，即屏门、槅扇、罩类。三种可交替使用，亦可联合使用，变化较多。自宋代开始，对建筑的内檐装修有了细致的设计，根据宋《营造法式》的记载，分间隔断称截间格子，仿格子门的制度，布置在前后金柱之间，可透气但不可开启。另有一种称截间开门格子，设计为中间两扇可开启，余下部位为板壁或余塞板。开门格子为后代室内槅扇的创意开了先声。宋代的间内隔断称照壁屏风，设在房间的后部，起到照壁的作用。照壁屏风有两种：一种为截间屏风，是全封闭的，不可开启；另一种是四扇屏风，可启闭摘除。这种照壁屏风的做法，是先用细木做成大方格眼，四周以边框固定，类似后代的白堂篦子，两面糊纸或布绢成活，属于轻型的隔断物件。这种四扇屏风即是后代屏门的雏形。至于飞罩一类更为纤细的装修，在宋代尚未出现，可能是清代江南地区的创造。

## 一、屏门

顾名思义，“屏门”即屏风，指此门可屏避风吹或屏避视线之意，它以门的形式出现，故称屏门。宋代将间内隔断称为照壁屏风。日常我们所见的屏风多为可移动的，有独立一扇的屏风，或四扇、六扇、八扇的屏风，置于需要遮挡视线的地方，如正厅主座的背后，床榻的前方，同时对屏风扇体加以雕刻绘画加工，成为一件艺术化的家具。推而广之，成片的带框的艺术装饰品亦称为“屏”，如墙上的挂屏、案上摆的插屏等。

屏门多用于厅堂的后金柱之间，与江南厅堂建筑的平面设计有关。北方建筑的后檐为实墙，不开门，以便防寒，前后建筑间的交通需从室外联系。江南厅堂建筑后檐多为木装修的长窗和半窗，通过长窗可直接进入后院，为避免外人直接窥视后部建筑，故需在后金柱部位设置屏门以遮避。遇有重大事件，还可将屏门开启或卸下，直接通过前后，非常方便。屏门一般为四扇，较大开间可以做成六扇或八扇，三间的大厅堂可以将屏门联合在一起，形成白色的屏门组群。

江南地区的屏门有两种形态：一种为白色屏门，多用在民居厅堂，是屏门的基本形态，与周围墙壁及外檐装修相协调，形成淡雅肃穆的环境氛围（图 3–1、图 3–2）；另一种为清水屏门，是保持

图 3–1　江苏苏州网师园正厅

图 3–2　江苏苏州吴江同里镇宏略堂

原木的色泽纹理，涂刷不同深浅的清油，具有自然朴实的文人之风趣，多用于园林中的厅堂馆榭，其装饰艺术表现更为多样（图 3–3、图 3–4）。另外，还有一种不分扇的固定的屏壁，是近年来由于园林建筑的发展变化，由原来的屏门演化出的新形式，更便于张挂大幅山水画作及镜片，但已没有直通后院的功能（图 3–5、图 3–6）。

图 3–3　江苏常熟翁同龢故居思永堂

图 3–4　江苏苏州吴江同里镇静思园

图 3–5 江苏苏州吴江同里镇退思园

图 3–6 江苏常熟古琴艺术馆正厅（明代建筑）

宋《营造法式》中称固定的屏壁为截间版帐，为全木制作，亦属小木作工种范围，其油饰及装潢并未提及，其美观表现无法确知。

屏门仅为简单的木作装修构件，其在室内空间中起的美学作用，尚需依靠其上的装潢与装饰，以达到美化的目的。最简单的办法是在屏门上挂字画，中堂配两侧的对联，成为标准的组合。在白色屏门上，字画组合最为醒目，而且易于更换（图 3−7、图 3−8）。屏

图 3−7　江苏无锡薛福成故居白色屏门

图 3−8　江苏苏州同里镇退思园正厅白色屏门装裱字画

门上刻字亦为通常的手法，一般多应用在清水屏门上，所刻文字有园记、游记、名赋、景赞等与园林建筑有关的文体。如苏州狮子林燕誉堂屏门上刻的狮子林记，即叙说了狮子林建园始末；留园林泉耆硕之馆屏门上刻的是冠云峰赞，对园中的太湖名石“冠云峰”的观赏价值做出评介。板上文字填色有白色、蓝色、黑色等，视清水屏门清油的深浅、木色的浓淡而定。有的还可刻出篆体的百寿文字，亦别具一格（图 3–9 ~ 图 3–11）。有的设计是将文字刻写在木质挂屏上，然后挂在屏门上。挂屏可为四扇，也可为六扇，这种装饰手法具有灵活性，可以摘除，另换其他装饰方法（图 3–12、图 3–13）。屏门门板可不采用满铺的形制，而用边框加心板的方

图 3–9　江苏苏州狮子林燕誉堂清水屏门刻字

图 3–10 江苏无锡薛福成故居惠然堂清水屏门刻字

图 3–11 江苏苏州留园林泉耆硕之馆清水屏门刻字

式，边框为深色硬木，心板为浅色松木，在心板上刻字更加明显，具有挂屏的艺术风格（图 3-14）。近年以来，由于装饰技术的发展，在某些园林厅堂的屏门处理上产生了新的手法，即将数扇屏门统一构图，刻画出风景、名胜、园图等内容，一般为黑色衬地，以石青、石绿等彩色刻画，有的还加以描金、贴金，益增华丽程度（图 3-15、图 3-16）。还有的厅堂采用了大幅玻璃罩面的绘画，直接挂在屏门上，气势恢宏，也反映了技术进步对艺术的影响（图 3-17）。

图 3-12　江苏常熟翁同龢故居思永堂清水屏门挂四扇屏

图 3-13　江苏扬州个园清颂堂清水屏门挂六扇屏

图 3-14　浙江嘉善西塘种福堂屏门心板装裱书法文字

图 3-15　江苏苏州吴江同里镇静思园门厅黑色屏门刻描金全图

图 3–16 江苏苏州留园林泉耆硕之馆黑色屏门刻图

图 3–17 江苏苏州虎丘巡楼厅挂通幅画

## 二、槅扇

内檐槅扇在苏州地区称为纱槅，是将外檐长窗用于室内，内心仔不糊纸，改为糊纱，故称之。这种纱槅形式还传至北方及宫廷，称为碧纱橱，因糊纱颜色为湖蓝色，故名。其槅心棂格多采用灯笼框形式，槅心的中心部位留出空档，以便裱贴字画。清代以来，江南地区的内檐槅扇产生了许多变化，槅心、裙板皆有更丰富的艺术表现形式，不再糊纱，而且不一定用棂条组成槅心，用实木板及玻璃替换，可以产生更多的表现手法，故以槅扇称之更为恰当。用于内檐的槅扇较外檐长窗的用料更为纤细，做工考究，多用硬木，清水油饰，其底部多雕刻镂空的扇脚，更适用于室内空间环境。槅扇可组合成四扇、六扇、八扇的槅扇墙，可以开启，也可卸除。两幅槅扇配以挂落可组成落地罩，这种组合在江南园林中经常使用。

内檐槅扇的美学表现多在其槅心形式的变化，大致分为四种情况，即棂花槅心、字画槅心、板刻槅心、玻璃槅心。棂花槅心仍遵循长窗形制，但棂条更为纤细，甚至可用乱纹，其规制往往与长窗配合。棂花槅心可以糊纱，成为纱槅。但大部实例为空透之状，甚至裙板亦为空透雕刻，使槅扇显得玲珑轻盈，室内空间相互渗透。但棂花槅扇的应用实例较少，大多用在落地罩的侧扇上（图 3−18）。

字画槅心使用较多，真草棣篆各式字体皆可应用，充分发挥书法艺术的优势，每扇可独立成文，由于槅心的面积较大，可容纳中楷字体，远观近视皆宜，与碧纱橱上的小幅字画相比较，其优势明显。同时字画槅心还可字画相间，每扇不同，产生变化之趣味（图 3−19、图 3−20）。以绘画为主题的槅心亦有两种选择：可为单扇成画，全部槅扇画题可以一致；也可每扇不同，个人觉得同一画题的装饰效果比较强烈，如全部画山水，或全部画花鸟，皆有不错的观赏性。但画人物的室内装饰画尚未见过（图 3−21）。最有效果的是通景画，将巨幅国画分割成六份，每份镶在一扇槅心内，化整为零，并列在

图 3–18　上海嘉定秋霞圃棂格隔扇

图 3–19　江苏无锡薛福成故居惠然堂

图 3–20　江苏苏州狮子林绮窗春讯

图 3–21　江苏苏州耦园正厅

一起仍是一幅大画，化零为整，这种办法确实表现出中国人的智慧。如苏州网师园中的看松读画轩及集虚斋的内檐槅扇所画的山水及树石，皆是优秀的实例（图 3-22、图 3-23）。在槅心中装裱的图案除了字画以外，在苏州留园五峰仙馆的槅扇上，还出现了周秦时代的青铜器拓片图案，黑白分明，古意昂然，这种实例极少出现（图 3-24）。有的槅扇还可以将槅心分成两段或三段，每段自成画幅，可书写小段文字及画制小幅绘画，这种办法并不成功，显得杂乱，整体效果不佳（图 3-25）。

板刻槅心与屏门上的板刻手法类同，只不过每扇槅心有边框，大部分槅心的板刻文字或花鸟图案是独立的，文字多为古体诗词，书法各有不同，板刻图案为剔地线刻，板刻槅心的底板皆为清水油饰，剔地处填以石青、石绿或白粉，颜色分明（图 3-26 ～图 3-28）。玻璃槅心所用材料除彩色玻璃之外，尚有印花玻璃及磨砂玻璃，取其白净不显，适合室内的光线条件。槅心玻璃的分割不拘一格，不受棂格构造的拘束，具有异域风韵（图 3-29、图 3-30）。

图 3-22　江苏苏州网师园看松读画轩

图 3-23　江苏苏州网师园集虚斋

图 3-24　江苏苏州留园五峰仙馆

图 3–25　江苏苏州东山春在楼

图 3–26　江苏苏州忠王府

图 3-27 江苏苏州留园林泉耆硕之馆

图 3-28 江苏苏州留园五峰仙馆

图 3–29　江苏苏州拙政园玲珑馆

图 3–30　江苏苏州拙政园三十六鸳鸯馆

## 三、罩类

“罩”是表示分隔的一种精细的装修，置于两间之中，隔而不断，空间互通，空间功能上既有联系，又有区分，可以说是一种意向性的分隔物。罩的来源可能是受帷帐的影响而产生，秦汉时期建筑室内的分隔物多为帷帐，把室内需要分隔开的空间，用悬挂的布帐或纱帐围起来，以隔绝内外，需要互通时，可以将帐面向两侧撩起，空间通达。在后世，将这种撩起来的布帐形式以建筑小木作表现出来，加以固定，则产生了罩的造型。罩起源于什么时代，尚无确切考证，宋《营造法式》中没有记载，说明宋代尚未出现，估计罩的出现应在明清时期，而且应首先在气候温润的南方地区出现。实例也说明江南地区的各类花罩最多，而且北京宫城建筑内的高质量花罩，也都是由江南地区工匠督造，运至北京的。

全国各地的罩的形制很多，大致有落地罩、栏杆罩、几腿罩、圆光罩、八方罩、花罩、飞罩等，此外，还有炕罩、太师壁、棂花槅扇等类似的罩体（图 3−31）。落地罩的形制是左右各有一扇槅扇，上部以挂落相连，中央空间可通出入；栏杆罩的形制是左右各有一组槺柱、木栏、花芽子，上部以挂落相连；几腿罩是上部的挂落更为复杂，挂落两侧下垂如茶几的腿部，端部微卷，故名；圆光罩的中部呈圆形空洞，洞周为花格棂条，可通内外；八方罩中部为长方形空洞，构造与圆光罩相同；花罩呈周边形雕刻的罩体，两侧下垂至地面，雕饰题材为花卉植物，两面透雕，花枝招展，生意昂然；飞罩亦为雕刻的罩体，但两侧不落地，飞悬在上部，故称飞罩，体裁多样，有植物、棂格、悬链等；炕罩是将罩体移置在火炕上面，以为屏护，多应用在北方地区取暖的火炕上；太师壁是单间厅堂的常用形制，即中间为板壁，悬挂中堂字画，两侧各开一门洞，以通后门或楼梯，壁前置方桌及太师椅，故称太师壁；棂花槅扇更为自由，随使用要求可繁可简，不拘一格。

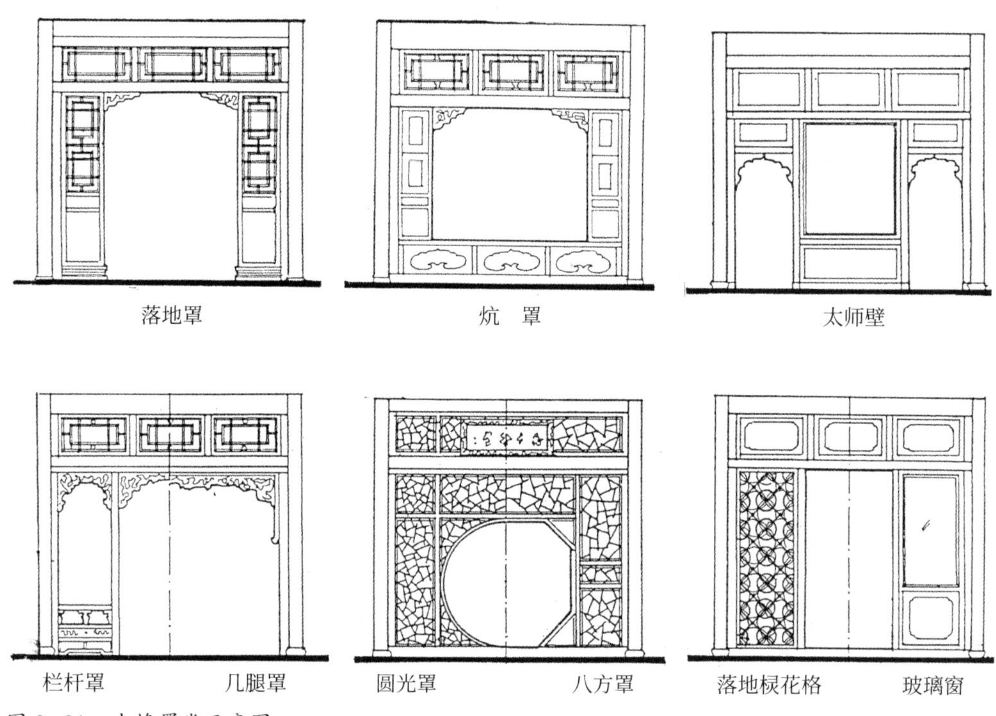


图 3–31　内檐罩类示意图

江南地区建筑的罩类集中表现在几种形制上，即落地罩、圆光罩、八方罩、花罩、飞罩等五种。落地罩的应用最为普遍，它可以单独布置，也可与其他隔断组合在一起安置。落地罩两侧的槅扇变体甚多，其槅心可仍用棂格构图，繁简随意，以“卍”字纹居多，与挂落的图案较为协调。此外，在棂格图案间加用镶玻璃的小框，使槅心更为光亮闪烁，改进视觉效果。落地罩的槅心也可镶板裱贴字画，则装饰表达的方式更为丰富（图 3–32 ~ 图 3–35）。

圆光罩的实例亦较众多。罩体的图案多为“卍”字纹，但也有花鸟雕刻图案的。如苏州留园林泉耆硕之馆的圆光罩雕的图案为“葫芦万代”的吉祥图案，雕工精细，活泼流畅，并且其圆光为双条木条，间有花结，是一樘有艺术水准的作品（图 3–36）。“卍”字纹棂条也有繁简之区别，江阴赞园的圆光罩属于较简练的实例（图 3–37）。苏州狮子林立雪堂的圆光罩也是较成熟的例子，其“卍”字纹疏密得当，规划严整，并与两侧的海棠空心的花窗相互配合，纹样相同，协调一致，形成大面积透空装修，装饰效果强烈（图 3–38）。有的圆光罩在卍字纹图案中加入小花结，规整中有变化，苏州同里镇某宅的圆光罩即是一例（图 3–39）。

图 3–32　江苏苏州狮子林燕誉堂落地罩

图 3–33　上海嘉定秋霞圃棂格落地罩

图 3–34　江苏苏州狮子林字画落地罩

图 3–35　江苏苏州网师园撷秀楼玻璃格落地罩

图 3-36 江苏苏州留园林泉耆硕之馆圆光罩

图 3-37 江苏江阴赞园圆光罩

图 3-38　江苏苏州狮子林立雪堂圆光罩

图 3-39　江苏吴江同里镇某宅圆光罩

八方罩在江南地区使用得较少，皆在石舫、亭榭等小型建筑出现（图 3–40）。苏州某园中的八方罩的雕刻十分精彩，罩体下部为古树、竹叶、萱草，中部为盘藤状的菊花，延至上部菊花更加密集，由下至上，由疏转密，产生退晕的变化，克服了植物题材雕刻平铺单调之弊（图 3–41）。

花罩又称天然罩，因其多采用花木禽鸟之类的寓意吉祥喜庆的题材，采取自由构图，表达出一定的含义，如“岁寒三友(松竹梅)”“喜鹊登梅”“松鼠葡萄”“葫芦万代”等。也有用植物题材的，如芭蕉叶、竹叶、缠枝花叶等。花罩皆是两面透雕，两侧落地，左右对称，做工精细。所用木料多为硬木，清水油饰，保留木质本色，凸显江南工匠的高超技艺，木雕工匠是香山帮的重要工种。现存实例中，苏州狮子林的芭蕉罩、苏州山塘街雕花楼的松竹花罩、苏州如皋水绘园的竹叶花罩、苏州王洗马巷万宅的盘藤松叶花罩等皆是优秀的实例（图 3–42 ～图 3–45）。

图 3–40　江苏江阴赞园圆光罩

图 3-41　江苏苏州某园八方罩

图 3-42　江苏苏州狮子林古五松园芭蕉花罩

图 3-43　江苏苏州山塘街雕花楼松竹花罩

图 3-44　江苏如皋水绘园竹叶花罩

图 3–45　江苏苏州王洗马巷万宅盘藤松叶花罩

飞罩类似花罩，但两侧不落地，飞悬在中部，故称飞罩。飞罩雕饰的题材除花木禽鸟之外，也可采用卍字纹、回纹、乱纹、藤茎纹、链纹等，还可加入一些小花结（图 3–46 ～图 3–48）。飞罩亦是两面透雕，内外画面构图一致，因此在设计上需要考虑得更为周全。如苏州拙政园留听阁的喜鹊登梅飞罩，布局疏朗，梅枝纤细，两面梅枝重叠，疏而不乱，充分表现出精准的雕刻技术（图 3–49、图 3–50）。

图 3–46 江苏苏州拙政园留听阁喜鹊登梅飞罩

图 3–47 江苏苏州耦园城曲草堂回纹飞罩

图 3–48　江苏无锡薛福成故居务本堂乱纹花罩

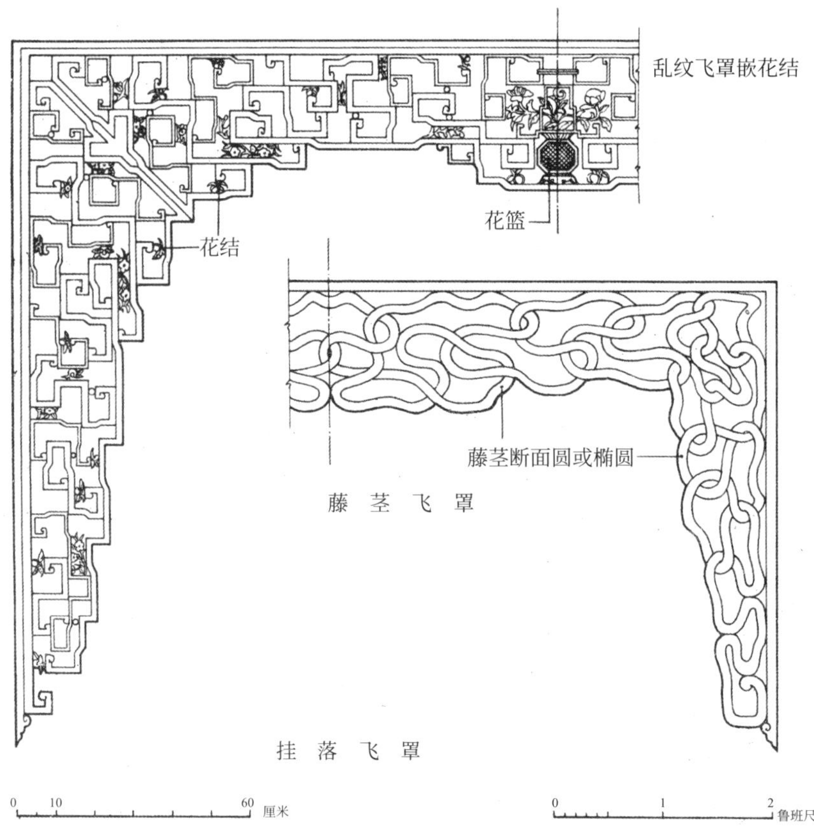


图 3–49　飞罩测图

图 3-50　江苏苏州拙政园留听阁花罩细部

## 四、内檐隔断的组合形式

内檐隔断有时并不是单独布置的，可以联合各种隔断组成新的隔断体，为建筑室内环境增添了不少意趣。江南民间单体建筑的面阔间数多为单数，即为单间门三开间、五开间，没有更多间数的建筑。单间建筑的室内隔断多设在后金柱部位，以遮挡后门，形制比较简单，一般为六扇屏门，平时右侧两扇屏门可以开启，以通后院，遇有重要场合，可以将屏门全部开启或卸除（图 3-51）。稍为富裕生活考究的人家，多用中央对称式的隔断，即中央为四扇屏门或板壁，两侧为门洞，门洞上方饰以挂落，屏门前设置条案、八仙桌、太师椅，屏门上挂字画，案上陈设瓷瓶、插屏、帽筒等。这种隔断形式称为太师壁，是江南及皖南一带民居常用的形式，至于细部装饰有繁有简，随业主的爱好而定（图 3–52）。

至于具有艺术表现的内檐隔断组合形式，多反映在豪华的大型民居正厅及园林厅堂馆榭的室内中。这些厅堂多为三间和五间面阔，开间多在一丈四尺以上，室内空间宽敞，有充分的设计空间。组合隔断设在后金柱间是常态，但遇有鸳鸯厅则设在中央，保证两面空间相等，而隔断两面装修各异，以符鸳鸯成双之意。

图 3–51 江苏江阴刘天华故居

图 3–52 江苏苏州某宅内檐隔断

## 1. 三间厅内檐隔断组合

这种组合是江南厅堂建筑应用最多的形式，因为民居大宅的厅堂及园林建筑的厅堂以三开间者居多，五开间的是极少数。三间厅组合皆按“一隔两空”的标准规式布置。所谓一隔就是中央明间安排实体性隔断，以达遮挡后部空间的目的。实体性隔断有三种，即屏门、槅扇门、板壁，虽然屏门与槅扇门皆可开启，但在应用中仍将其视为封闭物体，不准备开启。所谓两空就是两侧次间安排透空性的隔断，以通前后，在江南地区使用最多的是落地罩、圆光罩、飞罩三种，而八方罩及花罩极少使用。根据上述一隔两空各有三种应用选择，相互搭配可产生九种组合形式，而实际上以屏门配落地罩的组合设计最多，其他配置方式仅偶尔出现。

屏门与落地罩组合可以狮子林燕誉堂为代表。燕誉堂是狮子林住宅部分的正厅，其富丽宏伟为全宅之冠，以备款待宾朋及婚丧应酬之用。该厅三开间，为九架三柱式，以中柱划分前后，将室内分为相同进深的前后五架（界）回顶构架，是典型的鸳鸯厅。南厅梁架为扁作式(即大梁为长方木料),北厅为圆堂式(即大梁为圆木料)。南厅为边框式净片玻璃内心仔的长窗，北厅为套六方彩色玻璃内心仔的长窗。前后两厅的家具也不相同，南厅为广式家具，中央置条案、八仙桌、太师椅；北厅为苏式家具，中央置屏背榻，显示出前厅待客，后厅休息的使用功能。中部组合式隔断亦有区别，前厅屏门为清水油饰，中刻白色狮子林记，以述该园兴衰始末；后厅屏门为黑漆油饰，刻画石绿色的狮子林全图，以示该园的布局状况，表示出前后厅的差异。两侧次间的落地罩的槅扇为三段式隔心，每段为花边式净片玻璃,明净通透，顶部挂落采用较繁复的不断回纹，间以云雀、花叶的结子，属于高质量的落地罩。燕誉堂中的屏门落地罩的组合隔断，对该堂的鸳鸯厅的性质，起到了显示与加强的作用，是一项成功的设计（图 3-53 ～图 3-58）。

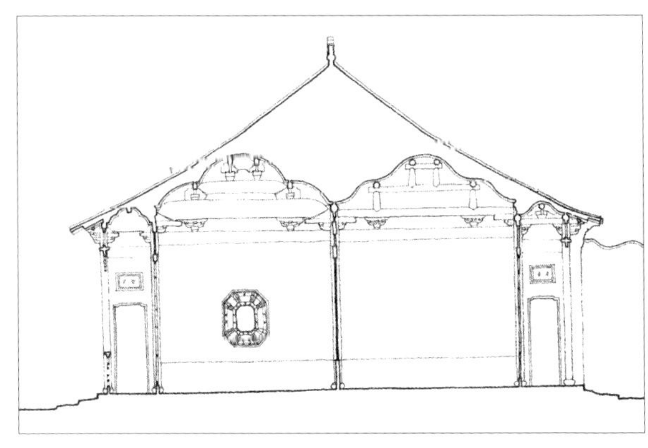

图 3-53　江苏苏州狮子林燕誉堂剖面图

图 3-54　江苏苏州狮子林燕誉堂鸳鸯厅两侧统视

图 3-55　江苏苏州狮子林燕誉堂南厅

图 3-56　江苏苏州狮子林燕誉堂北厅

图 3–57　江苏苏州狮子林燕誉堂南厅狮子林记测图

图 3–58　江苏苏州狮子林燕誉堂北厅宅园全图测图

与燕誉堂类似，采用屏门与落地罩组合的实例比较普遍，但对中心屏门的艺术处理却各有不同。如苏州沧浪亭的瑶华境界及浙江嘉善西塘种福堂西园的养拙居，皆是以文字装饰屏门的（图 3−59、图 3−60）。而苏州怡园的藕香榭的屏门上刻的园景图、狮子林的水

图 3−59　江苏苏州沧浪亭的瑶华境界

图 3−60　浙江嘉善西塘种福堂西园养拙居

殿风来堂屏门上刻的一幅古松图，皆是以木刻绘图来表现其艺术性（图 3–61、图 3–62）。苏州狮子林的古五松园及扬州个园的汉学堂的屏门则保持素洁的版面，在其上装挂中堂画及对联，以丰富内檐装修的美学特征，突出厅堂屏门的中心意义（图 3–63、图 3–64）。苏州狮子林的揖峰指柏轩则以通幅巨画悬在屏门上，突显厅堂的华贵气氛。苏州同里镇某宅的轿厅则金线装点的园景图剔刻在屏门上，这种手法在近代许多园林建筑中采用（图 3–65、图 3–66）。

图 3–61　江苏苏州怡园藕香榭

图 3–62　江苏苏州狮子林水殿风来堂

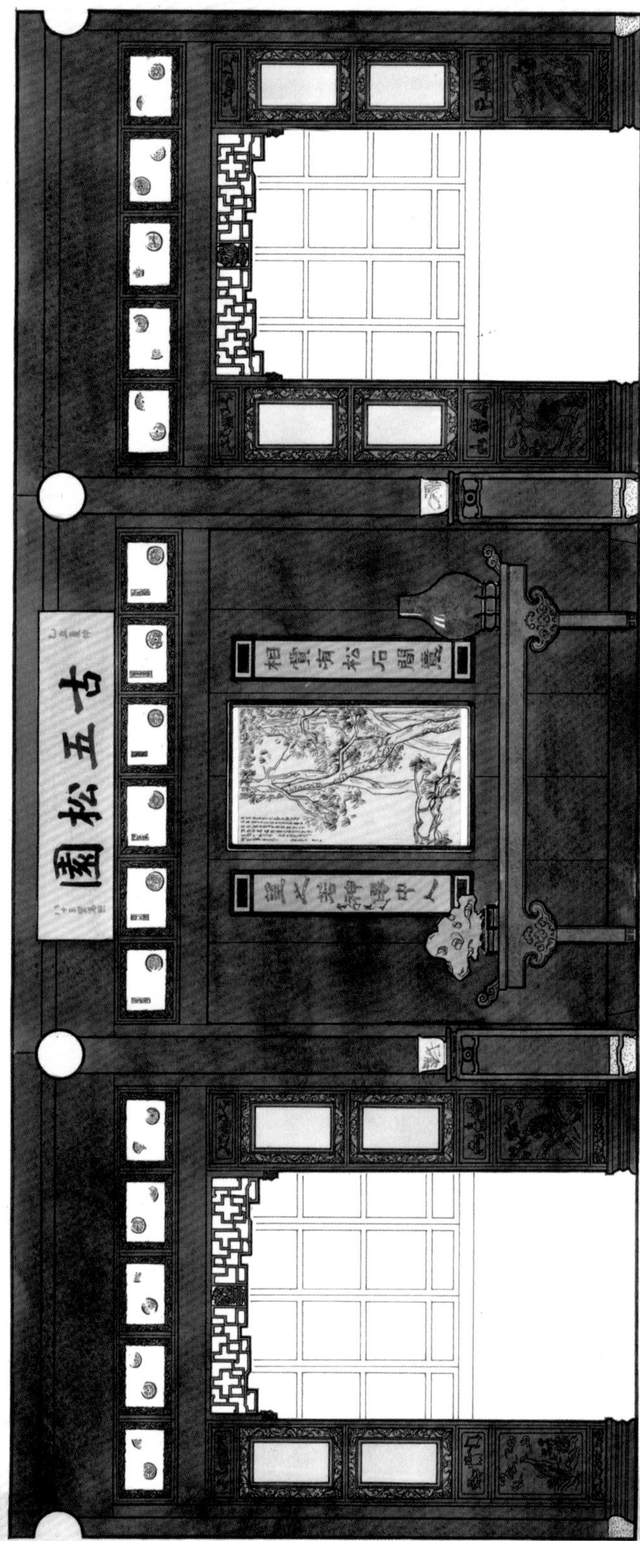


图 3-63 江苏苏州狮子林古五松园测图

图 3–64　江苏扬州个园汉学堂

图 3–65　江苏苏州狮子林揖峰指柏轩

关于三间厅内檐“一隔两空”式装修，仍有其他搭配的实例。如吴江同里镇退思园正厅是采用屏门加圆光罩的组合，木构部分全部采用深栗色油饰，而联匾全采用白色，明暗对比强烈（图3-67）；苏州拙政园三十六鸳鸯馆采用槅扇加落地罩的形式，黑色梁柱油饰，褐色装修，衬托出槅扇的白色印花玻璃，十分鲜明细腻（图3-68）；

图3-66　江苏苏州同里镇某宅金线彩绘屏门

图3-67　江苏吴江同里镇退思园

无锡薛福成故居的纯粹超迈厅堂是采用槅扇加圆光罩的搭配，这项配置是以突出隔断中心槅扇的红黄两色玻璃为主题（图 3-69）；苏州某宅正厅内檐隔断采取了板壁加飞罩的组合，该组合采用了雕花飞罩，做工精致，是比较少见的实例（图 3-70）。

在实践中，三间厅的内檐隔断除了“一隔两空”的标准格式外，尚有许多变体供设计者选择。如三间全用同一形制的隔体，体现出整齐划一的效果。如苏州网师园的万卷堂及虎丘的巡楼索晚厅皆为

图 3-68　江苏苏州拙政园三十六鸳鸯馆

图 3-69　江苏无锡薛福成故居纯粹超迈

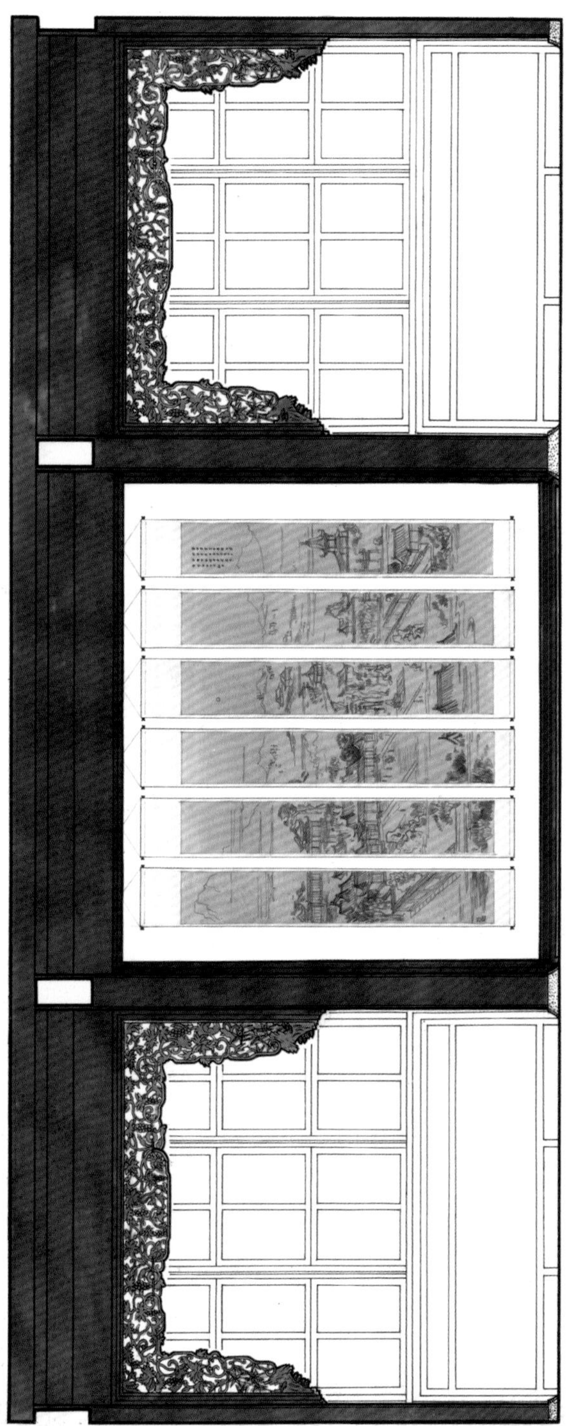

图 3–70 江苏苏州某宅正厅内檐隔断测图

三间白色屏门隔断，这种布置可以形成简洁严肃的空间氛围，为一般大户所喜用，两次间的屏门可启可闭，不妨碍交通使用（图 3−71、图 3−72）。苏州某宅正厅的三间隔断皆采用槅扇，槅扇的槅心全为实体板装，因之可在槅心板上裱装字画，内容随意，表现出的文学气氛浓厚，并可随时更新，这种做法并不多见（图 3−73）。苏州网师园看松读画轩三开间全是采用落地罩的做法，但这一做法的条件是后檐不开门，只有半窗或花窗，这样落地罩就成为窗前的装饰性的画框，与花窗及桌椅陈设等构成统一画面（图 3−74）。无

图 3−71　江苏苏州网师园万卷堂

图 3−72　江苏苏州虎丘巡楼索晚厅

图 3–73 江苏苏州某宅正厅内檐隔断测图

图3-74 江苏苏州网师园看松读画轩测图

锡薛福成故居的惠然堂的内檐隔断是采用屏门加槅扇门的做法，屏门上刻篆字，槅扇心裱装书法文字，三间隔断是以文字为装饰母题（图 3−75）。苏州拙政园玲珑馆的玉壶冰是中央明间用玻璃心的槅扇，而两次间仅用一樘挂落，简洁明快，很少装饰，比较适用于次间开间较小的厅堂（图 3−76）。苏州狮子林立雪堂的三间隔断，中央是一樘圆光罩，两次间为整间大花窗，罩与花窗皆为卍字花棂格，不设玻璃，前后空透。不设后门，以中间圆光罩联系前后，是较特别的内檐装修（图 3−77）。苏州虎丘灵澜精舍的装修为中央屏门，

图 3−75 江苏无锡薛福成故居惠然堂

图 3−76 江苏苏州拙政园玲珑馆玉壶冰

饰以大画，而两次间不做装修，柱枋交接，简单无华，以突显后檐四段套八方棂格的半窗的装饰特色，别有一番情趣（图 3–78）。

由于建筑内檐隔断这些丰富手法的运用，使得厅堂内檐空间的艺术效果呈现出多变的特点，这也是中国建筑艺术的重要特色之一，是有别于西方建筑艺术的。重要的西方建筑皆是砖石为基本材料的建筑体系，以墙体围合形成的单独实体空间，没有虚联的空间，故其装修多用在墙体上，较少有虚拟隔断装修出现。而传统中国建筑是以木材为结构材料，体态轻盈，用材纤细，分隔空间的手法众多，

图 3–77　江苏苏州狮子林立雪堂卍川纹圆光花罩配花窗

图 3–78　江苏苏州虎丘拥翠山庄灵澜精舍

可形成空透灵活，收放自由，似联非联，可拆可卸的内檐隔断体，这一点应该引起国内建筑师的关注，为创造具有民族特色的现代建筑提供参考借鉴。

## 2. 五间厅内檐隔断组合

五开间的大厅实例极为稀少，可能受礼仪等级制度的影响，平民百姓的建筑体量不可超过三间五架，因此多数厅堂皆为三间厅，仅在苏州留园园林中出现过两座五间大厅，即林泉耆硕之馆及五峰仙馆，皆为园林建筑，且为清晚期建筑。此外，苏州忠王府的卧虬堂亦为五间大厅堂，可能与忠王府原为苏松常道衙门的官署建筑有关。

林泉耆硕之馆是一座典型鸳鸯厅的厅堂，五开间的内檐隔断将大厅中分为南北体量相同的空间，故称鸳鸯厅。两厅屋架形制不同，一为扁作，一为圆堂；两厅山墙开窗也不同，前厅为六分格的棂花窗一对，后厅为八角形净片玻璃窗一对；厅中央的家具也不同，前厅为条案方桌太师椅，后厅为坐榻及花架，表现出待客与休闲的区别（图 3–79 ~ 图 3–81）。该建筑内檐隔断采用明间为六扇屏门，两

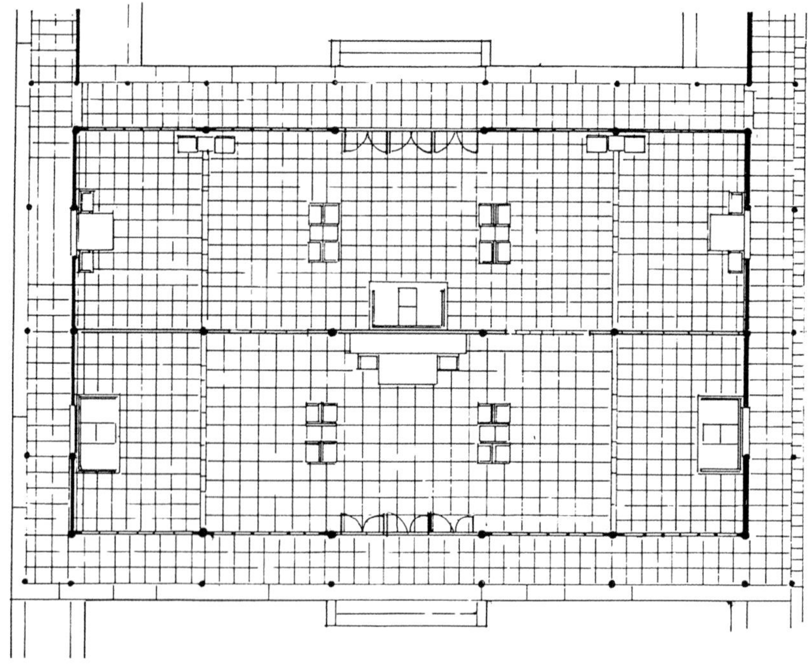

图 3–79　江苏苏州留园林泉耆硕之馆平面图

图 3-80　江苏苏州留园林泉耆硕之馆剖面图

图 3-81　江苏苏州留园林泉耆硕之馆

次间为圆光罩，稍间为五扇槅扇门，屏门及槅扇门并不准备开启，其上做了装饰加工。前厅中央屏门为清水油饰，刻留园冠云峰赞。后厅中央屏门为黑漆油饰，上刻石绿色冠云峰图。这种手法与狮子林燕誉堂的做法完全相同。圆光罩为盘藤花蔓，两面透雕，做工精细。槅扇门的槅心为清水木板，刻石绿色字画，右侧槅扇门刻梅、雕花荷、菊、竹四条幅及上联，左侧槅扇门刻鸭、鸡、雉、雀四条幅及下联。林泉耆硕之馆的内檐隔断是江南地区的代表之作（图 3−82 ～图 3−84）。

五峰仙馆是最复杂的内檐装修，可以与北京紫禁城乾隆花园的符望阁相媲美。其内檐装修将该馆分成前后两厅，但前厅宽大，后厅较窄，前厅是主要待客饮宴处所。中央明间设六扇槅扇，往前凸出一步架，再设两扇槅扇，次间设六扇槅扇，又向前及向后各设两扇槅扇，在最后部位的稍间设雕花落地罩，以通后厅。总计明次间共有 30 樘槅扇，前凸后拖，组成变化的格局。每扇槅扇皆精雕细刻，槅心修长，装刻文章，大部分槅心是裱贴周秦青铜器的摹本，古意昂然，极富装饰性（图 3−85、图 3−86）。五峰仙馆的内檐装修使空间产生有趣的变化，使空旷的前厅有了中庭与边缘的区分，而且使平铺的隔断体产生立体效果，在光影上亦有不错的反映，在民间建筑中这个实例的艺术成就是很突出的（图 3−87 ～图 3−89）。

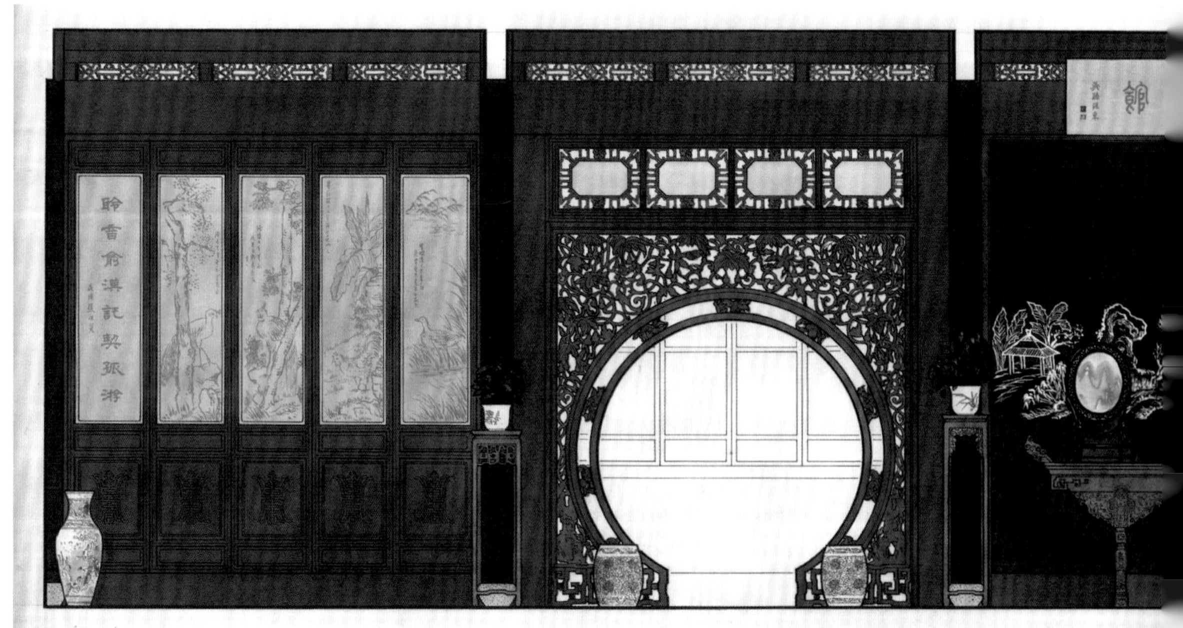

图 3−82　江苏苏州留园林泉耆硕之馆 隔断测图

图 3–83　江苏苏州留园林泉耆硕之馆南厅

图 3−84　江苏苏州留园林泉耆硕之馆北厅

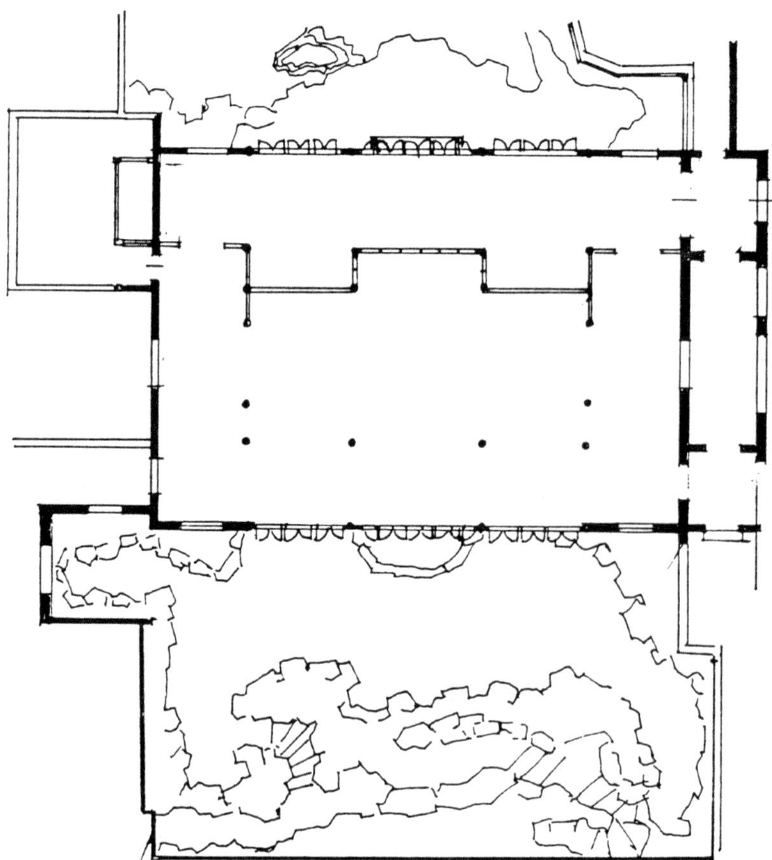

图 3−85　江苏苏州留园五峰仙馆平面图

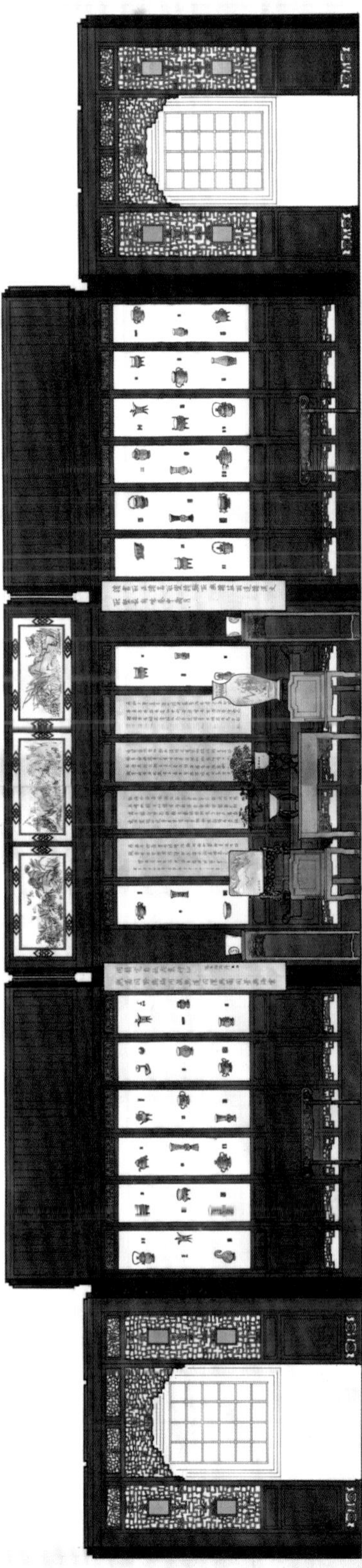

图 3-86 江苏苏州拙政园五峰仙馆隔断测图

图 3–87　江苏苏州拙政园五峰仙馆隔断一

图 3–88　江苏苏州拙政园五峰仙馆隔断二

图 3–89　江苏苏州拙政园五峰仙馆隔断三

# 五、家具及联匾

家具及联匾是活动性室内外用具，不应该列入装修的范围，但是它们又对室内空间产生直接的积极效果，可以表示建筑物的生活功能及厅堂的艺术取向，是具有物质功能与人文创意的重要物质载体，故在此章中一并讨论。

## 1. 家具

家具是一类很普遍的生活用品，各类建筑物中均不可或缺，是决定生活舒适度的重要用具，不论宫廷、民居、祠庙、园林之中皆须有家具的布置，以完善其使用功能。家具与建筑类似，以财力之厚乏，可有巨大的差异及精粗之分，而且因地区工匠技艺的取向不同，而有地区风格表征。近年由于收藏热，家具成为收藏家猎取的门类之一，拍卖会上多有家具的专场，也带动了对历代家具的研究及鉴赏，并出版了大量有关家具的书籍。自古以来，家具这类用品就有高低档之分，帝王、贵族、地主、富商使用的家具选用贵重木材，如紫檀木、花梨木、红木等，表面精雕细刻，涂油打蜡，华美异常。平民所用家具多为榆木、榉木，材质较软，表面彩漆，或不施油饰的白茬。作为收藏品多为高档有历史价值的家具，这些高档家具大多藏于国内外各大博物馆或私人收藏家中，经过历史变迁及战乱破坏，民间遗存已不多。现存的民居园林中的家具虽然做工精美，但多为清晚期或近代的制品。故在此文中不准备对家具的艺术及历史价值进行探讨，而着重对家具与建筑之间的配合关系加以阐述。

（1）家具的演变

家具与其他用具一样，是随着生活习惯及舒适要求，以及审美的喜好，而在不断地变化。对于中国家具来说，在历史上有两个重大的事件影响家具的发展与改变，就是坐卧习惯的改变，及硬木材料引入中国并用于家具制造。

古代中国人的生活习惯是席地而坐，即在室内地面上铺上大席子，日常坐卧及饮食操作全在其上，人们可以跪坐或盘腿踞坐，皆没有坐具。至今东南亚一带国家及日本、朝鲜、韩国等仍保留了席地而坐的习惯。我国从周秦至唐代一直是席地而坐的，可能是东亚及南亚地区的气候较为温暖之故。因为席地而坐，所以当时家具比较简单，而且低矮。如就餐的餐案，或写字办公的书案皆十分低矮，以适应坐姿。坐卧时依靠用的凭几仅有一肘之高。餐饮操作用的俎案形态粗壮而低矮。睡卧用的榻高距地仅一尺有余。遮挡避风用的围屏也很矮，皆是为席地而坐设计的（图 3−90、图 3−91）。日、韩等国的室内家具多矮桌、低柜，没有高家具，与此同理。南北朝时期有游牧民族进入中原，带来可折叠的轻便“马扎”，当时中原人称之为“胡床”，是为早期坐凳，但没有融入社会生活中。席地而坐有一缺点，就是行动缓慢不便，于是垂足而坐的椅子出现了。

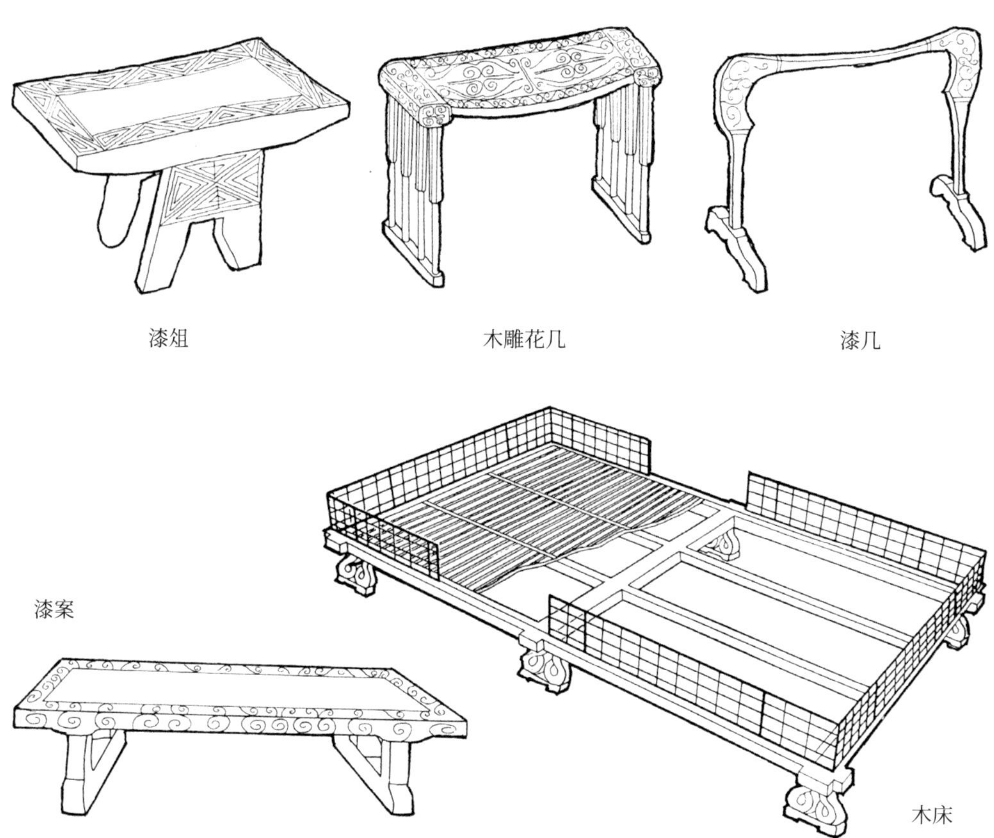


图 3−90　发掘出土的战国时代家具

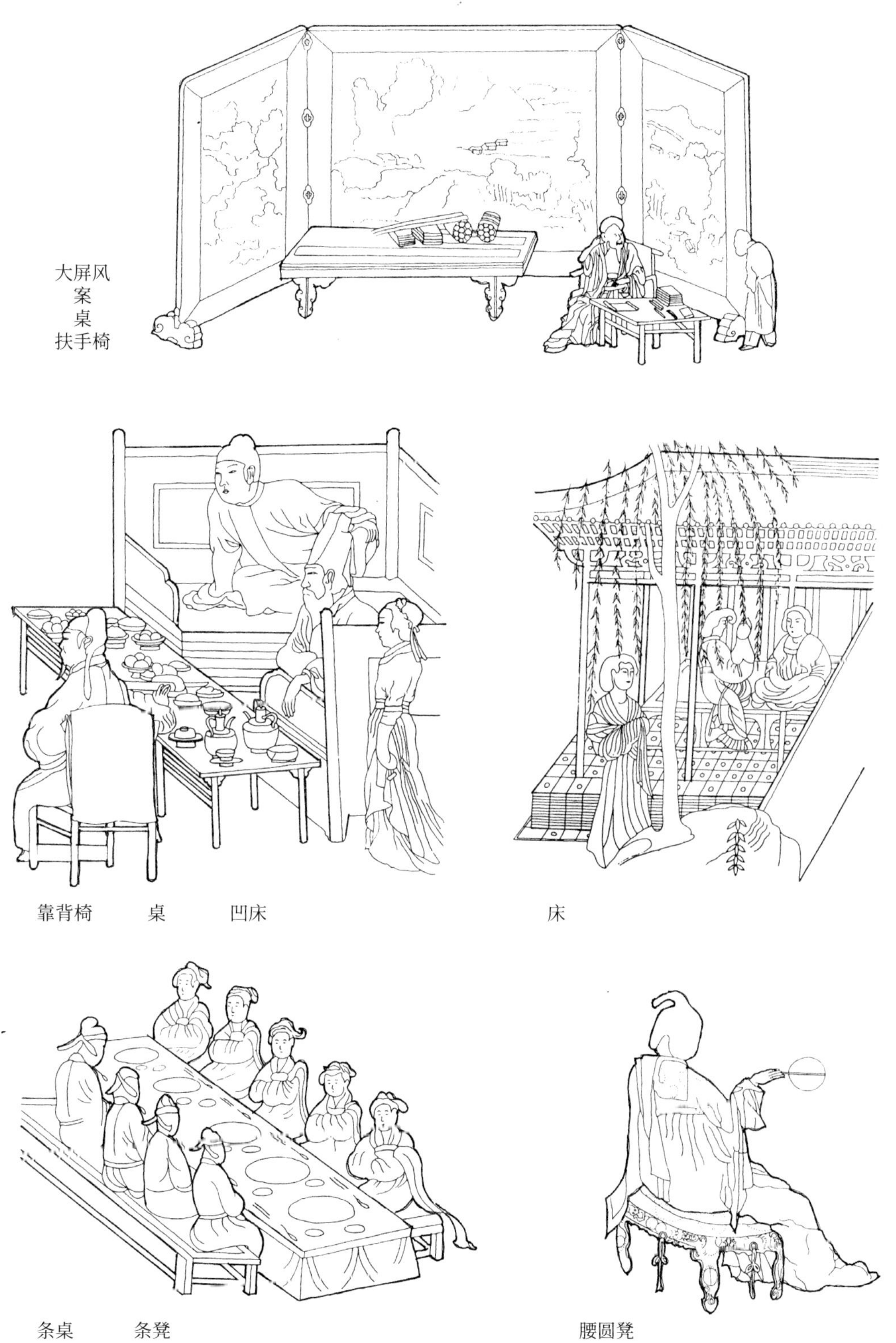


图 3–91 唐及五代时期家具

椅子在佛教绘画造像中已有表现，但没有普及。垂足而坐的生活习惯开始在唐朝末年，至五代时已普及宫廷及平民，五代顾闳中所绘的《韩熙载夜宴图》中将当时家具的情况表现得非常准确细致。椅子带动了家具的改进，桌案、床榻、储柜，以及屏风、支架等皆增加了高度，丰富了品种，形成了六大类家具的格局。可以说席地而坐改为垂足而坐的生活习惯，开辟了家具发展的新纪元，是中国家具的第一次转折点（图 3−92）。

从唐代至明代的数百年间，家具选材多本着就地取材的原则，节约成本。所选材料皆为当地材质较硬、纹理通顺的木材。一般北方多用榆木、核桃木；南方多用榉木、银杏木。只有皇家才肯耗费人力，从四川水运楠木至京城，打造宫殿建筑及家具，是为特例。

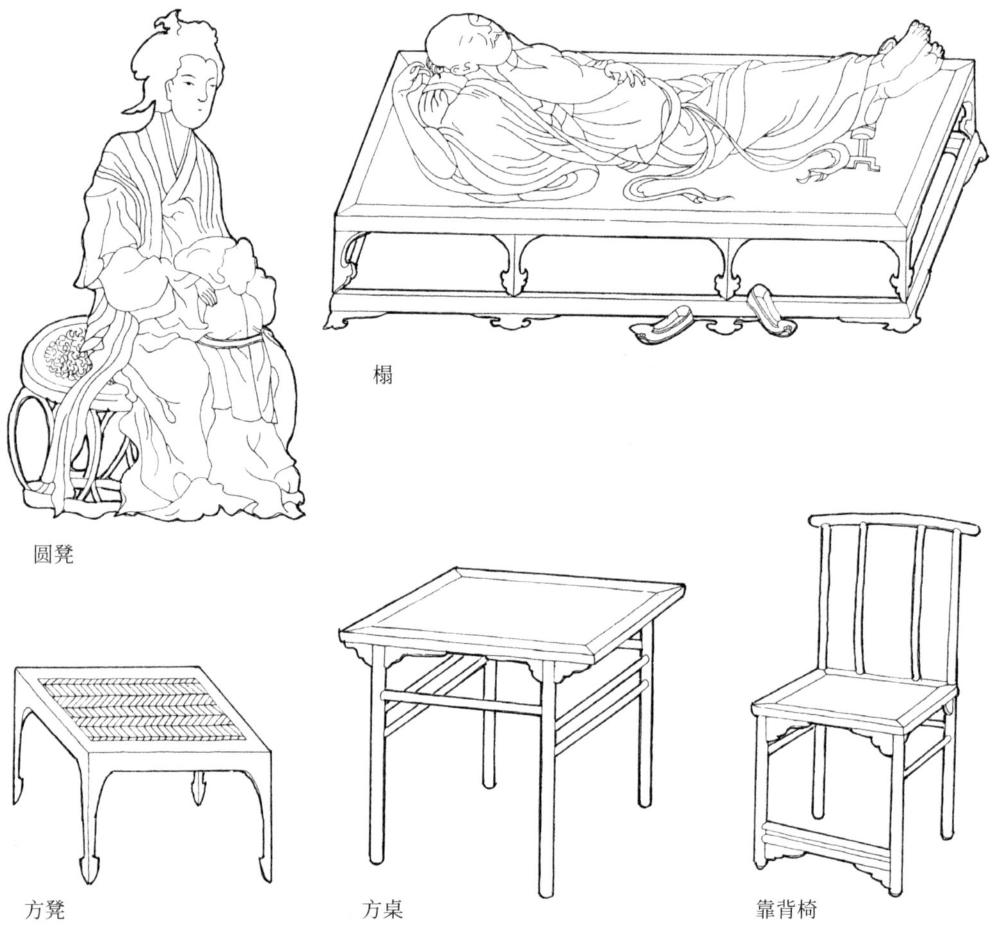


图 3−92　宋代家具

早期这些家具的装饰处理多为简单雕刻，或加彩漆，豪华者在表面披麻捉灰，然后刷数道大漆，做成后乌黑光洁，十分漂亮，但看不到木材本身的纹理。而且为了保证榫接部位坚挺牢固，所以家具整体外观比较粗厚。明朝后期的隆庆年间（1567—1572 年）开放了部分海禁，开始从南洋一带进口优质木材，如紫檀、黄花梨、红木等。这些木材质地坚硬，纹理细致，颜色黑红，用于制造家具更为坚固，美观耐用，称为硬木家具，而传统的家具则称为软木家具。清朝以后，康、雍、乾三朝更加推崇硬木家具，尤其是乾隆时期，宫廷所用的家具全改为硬木家具。同时江南、闽粤的富商大户、官宦人家，亦以拥有硬木家具为荣，推动了硬木家具向社会发展。硬木材质坚硬，榫接牢固，所以家具杆件可以更为细瘦，外形轻巧宜人。硬木材质细腻，可进行精细雕刻加工，增加装饰美观的表现。硬木的纹理通畅，极少节疤，颜色温醇柔和，不用漆饰，即可显示材料的自然美。这些都是硬木家具成为贵重家具的重要因素。另外硬木家具价格昂贵，也是显示家庭财富的标志。近年收藏热在国内兴起，有历史价值和艺术价值的硬木家具亦是收藏门类之一，尤以明式家具最受推崇。所谓明式家具即指兴起于明代的杆件细瘦、弯曲轻巧的硬木家具，其美学价值首先被西方学者发现。如德国人艾克曾著有《中国花梨家具图考》，其后美国人安思远著《中国家具：明清硬木家具实例》一书，他们都十分欣赏明式家具。1985 年王世襄先生著《明式家具珍赏》，更极大地推动了中国传统家具的收藏及认知（图 3−93）。

图 3−93　江苏苏州拙政园内明式家具

硬木家具的出现不仅丰富了家具的品类，而且把家具提高到艺术鉴赏品的高度，由此产生了家具设计的艺术风格及地区风格。所以，硬木家具是中国家具发展演变的第二个转折点。

（2）家具的品类

中国家具是随着生活质量的改善而逐渐丰富起来的，生活中的每个细节都有相应的家具作为承接物出现。同时由于硬木（紫檀、花梨、红木、酸枝木等）的应用，极大地影响了家具的造型，家具的杆件、雕饰、油饰有了极大的变化，由此产生了家具的地方风格。清代以来最著名的高档家具产地有北京、苏州、广州，三地的家具分别称为京作、苏作、广作，其艺术风格各有不同。京作以宫廷家具为背景，用料适中，雕饰简单灵活，风格明快，是北方常用的家具；苏作用料纤细，风格简洁，雕饰较少，继承了明式家具的传统；广作的用料粗大，风格敦厚，雕饰复杂，强调气派，是富裕人家喜用的厅堂家具（图 3–94 ~图 3–96）。除三地之外，山西及上海也制作高档家具，称晋作与海作，不再列举（图 3–97）。总之在家具发展的后期，已经从实用角度增加了许多艺术品味。

图 3–94　京作家具 苏州吴江同里镇

图 3-95　苏作家具 苏州虎丘致爽阁

图 3-96　广作家具 无锡薛福成故居

图 3-97　海作家具 无锡薛福成故居

清代末期以来家具制作进一步市场化，各式家具在全国各地畅销，业主各取所好，不拘一格。江南地区民居及园林中所用的家具亦是多彩纷呈，各式皆存。但从使用角度分析，可分为六大类，即床榻、椅凳、桌案、柜橱、屏风、支架。

**床榻类** 就是生活中的卧具，较高的为床，较低的为榻。一般床为木板床，高约 40 厘米，一般农户则睡简易的竹床，价低而凉爽。江南地区的床多为架子床，即在床的四角有木柱支撑的顶架，夏日可挂纱帐以防蚊虫，冬日挂棉帐以保暖。考究的架子床在前部设有雕花的花罩，顶部有飘檐（向外倾斜的檐部）装饰，飘檐上有绘制的图画，装饰十分华美（图 3−98）。另有一种拔步床是江南地区特有的类型，在普通的架子床前增加部分空间，在这空间内安置简单的梳妆台、坐凳及便器，将人民生活中就寝前后的多种需求结合在一起，合理而且方便。四周以栅板和幔帐包围，即安静又隐蔽。这种床的进深较大，可达到 2.4 米（图 3−99）。榻的高度较矮，宽度较窄，背侧三面有屏背，榻上还可安置小桌，以置茶具。榻在汉代已经出现，作为席地而坐的补充，直到近代仍然应用。榻可以坐卧两用，在内客厅及书房中作为临时休息之用（图 3−100、图 3−101）。

图 3−98 江苏吴江同里镇民居架子床

图 3-99 江苏桐乡乌镇民居内雕花拔步床

图 3-100 江苏苏州留园林泉耆硕之馆的藤榻

图 3-101 江苏常熟翁同龢故居书房小榻

**椅凳类** 就是坐具。自从唐末开始实行垂足而坐以后，椅凳类的家具发展出许多品种。有背者为椅，表示坐下后背可以倚靠的坐具。无背者为凳，表示踏上凳子可以登高取物。椅子的种类最多，根据不同的使用要求有太师椅、官帽椅、玫瑰椅、灯挂椅、圈椅、交椅等。太师椅的用料厚实，有椅背及扶手，但皆平直无倾，椅背上方配有一块云形搭脑木，全椅雕饰华丽，庄重肃穆，表现出使用者雄厚的财力及地位（图 3−102）。官帽椅有较高的后背，两侧有扶手，类似古代的官帽外形，故名。官帽椅椅背的搭脑及扶手又有出头与不出头之分，出头者又有两出头与四出头之别（图 3−103）。

图 3−102 江苏苏州忠王府太师椅

图 3−103 江苏无锡薛福成故居官帽椅

为了使造型小巧美观，将椅背降低，高不过窗台，搭脑仅及坐者腰部，这种椅子称玫瑰椅，南方称文椅。另一种椅子仅有椅背，没有扶手，类似古代墙上挂油灯的灯挂，故称灯挂椅，是一种普通人家常用的椅子（图 3−104）。将椅背及扶手连在一起，形成半圆形的扶手，则称之为圈椅，倚坐十分舒服；交椅是一种可折叠的椅子，其下部的椅足呈交叉状，故名交椅（图 3−105）。交椅是古代少数游牧民族的用具，可以折叠后系于马背带走，十分方便，流传至今。

图 3−104 江苏无锡薛福成故居灯挂椅

图 3−105 江苏无锡薛福成故居交椅

诸多椅子中常用的为官帽椅、灯挂椅及太师椅。凳的种类有方凳、圆凳、春凳、条凳、绣墩、脚凳等。方凳与圆凳是常用的凳子。春凳为长方形的凳子，可坐多人，一般厅堂少用，多在门房、辅助房间内使用 。绣墩是鼓状的凳子，可木制，也可陶瓷制作。脚凳是很矮的凳子，用在床榻前，用以登床。凳子的形制往往桌椅相似，以配套统一，显示室内空间的艺术风格。

**桌案类** 即置物的用具，一般方形、圆形为桌，长条形桌腿内收并较高者为案。桌子有方桌、圆桌、长方桌、半桌等，桌子高度在70厘米左右。桌子与椅凳常合并使用，在细部造形上追求协调一致，形成有特色的风格(图3−106、图3−107)。此外尚有放在床榻上较小的炕桌及可拼凑的梅花桌等。案类从使用功能可分为供案、画案、书案、炕案，从形式上可分为条案及架几案。条案的案腿与案板是固定的，联为一体，一般在案腿及牙板处有丰富的雕饰。根据案板两端形状又分为平头案与翘头案，翘头案两端凸起，用于画案及书案，以防画幅书籍跌落（图3−108）。架几案是组合式家具，下面两端为两个大的方几，上面架设一块较厚的案板组成。因其厚实，故可在其上摆放山石、盆景、供器、古玩、瓷瓶、钟表等，架几案多用于大型厅堂及官衙等处。除

图3−106 江苏苏州网师园方桌凳

图3−107 江苏苏州狮子林圆桌

图3−108 江苏苏州网师园万卷堂翘头案

桌案以外尚有一种小型的置物用具，称为几。其体形较小，各有不同的用处，如茶几，长、方、圆皆有，形体高瘦，几腿多为三弯腿，轻巧宜人。

**柜橱类** 是储物的用具，柜与橱的区别：柜的形体高大，有两扇对开的柜门；橱的形体较小，约为桌子高度，橱面下有抽屉和橱门。柜的种类有圆角柜（又称面条柜）与方角柜之别（图 3-109）。方角柜上可以再托以顶柜，以增加储物的空间，带顶柜的方角柜多成对摆设，故又称为四件柜。方角柜上部不设柜门，成为部分亮格，可摆放常用物件，故又称亮格柜。此外多层形式各异格体的多宝格，既可以是移动的箱匣类，亦属于储物的用具（图 3-110）。

**屏风类** 是室内遮挡的用具。屏风起源甚早，西周时期即已出现，至明清时期不仅是室内实用品，而且发展成为装饰品。屏风分为三种，即座屏、曲屏与挂屏 。座屏是带座的屏风，一般较为高大，可达一米以上，甚至有三米高的巨屏（图 3-111）。座屏有独扇与多扇之区别，如北京紫禁城太和殿宝座后面即设置了七扇金龙座屏，而一般百姓家所用多为独扇屏风。从屏座的构造上看，有固接的和插接的，插接的称为插屏，插屏多为两面屏，两面图案不同，可随时更换。很小的插屏可作为装饰品陈列在案头，以供欣赏。曲屏是

图 3-109 江苏苏州同里镇某宅圆角立柜

图 3-110 江苏苏州虎丘送青簃格架

可折叠的屏风，也叫软屏风。曲屏由双数组成，两扇或四扇，甚至达十数扇连接在一起，用时展开，用毕收起，十分便捷。早期曲屏多为木骨，表层糊以纸帛，绘以丹青，取其轻便，但不易保存，现存多为木雕屏风。挂屏是挂在墙壁上的屏风，以代替纸质的条幅，严格地讲已失去遮挡屏蔽的功能，仅因为它仍是木骨填心的构造方式与屏风类似，故仍以屏称之。挂屏多以双数陈列，如对屏、四扇屏、八扇屏。江南地区建筑应用挂屏的实例甚多，可以布置在厅堂的山墙处，与花窗组合布置，也可作为书房墙壁的装饰。挂屏的屏心用材甚多，有大理石、画瓷、木雕、竹雕，以仿云山的大理石最普遍，至今苏州一带仍以制作挂屏而蜚声各地（图 3−112 ～图 3−115）。

图 3−111　江苏苏州忠王府座屏

**支架类** 即挂放或承托衣物的用具。包括衣架、灯架、盆架、巾架、盆景架等(图3-116)。随着社会生活的进步，生活方式的改变，这类支架的实物已日渐稀少，仿古家具市场亦很少有支架类的产品。

(3) 家具的布置

家具布置本以适用为主，并无一定的规范，但一些大户人家为了显示家庭地位及尊严，往往约定俗成地形成一定的家具布置格局，尤以厅堂家具最为明显。

正厅是住宅中最重要的建筑，其形体高大为全宅之冠，是家庭婚丧嫁娶、生日聚会、接待宾客、宴请议事的场所。正厅前为门厅及轿厅，后为内厅及住宅，正厅位于全宅的中心。正厅家具的标准布置，是在后部屏门前安置条案一樘（翘头案或架几案），案上置花瓶及小插屏，并有其他古玩用具等，取平平安安之意。条案两侧置高挺的花几一对，上置盆花。案后屏门上挂中堂画及对联，上悬堂匾。条案前设八仙桌及太师椅一对，为宾主落坐议事之处。正厅前方左

图 3-112　江苏苏州忠王府侧厅四扇挂屏

图 3-113　江苏苏州网师园书房木雕挂屏

图 3–114　江苏常熟翁同龢故居嵌瓷挂屏

图 3–115　江苏无锡薛福成故居竹刻挂屏

右对称安排坐椅及茶几，根据厅堂规模的大小，可置二椅一几或三椅二几，为宾主的次要人员安坐待茶之处。再前或置杌凳一对，为宾主随员坐处，不设茶几。较大的厅堂可以在两侧山墙处另安放成对的坐椅茶几，并置半桌或半圆桌摆放接待用具及茶具（图 3–117 ~ 图 3–119）。山墙上可开花窗，悬挂四扇或两扇挂屏。

正厅所用坐椅可用太师椅，亦可减退一等，使用官帽椅或灯挂椅，但不能用圈椅。整座厅堂家具中心对称，布置有序，等次分明，严肃宁静，反映出封建大家庭的礼法要求。

内厅是家庭聚会及接待亲友的空间，其家具布置与正厅类似，亦遵循礼法要求。所不同的是屏门前不置条案，改成精巧的双人榻，为主人夫妇坐卧所备。榻的两侧为花几或物品架。内厅两侧布置成对的坐椅茶几，为子侄辈倚坐。椅子皆为较轻便的扶手椅或灯挂椅。内厅中央安放一组圆桌及圆凳，为家庭小宴准备的，富贵人家的圆桌比较考究，有海棠式、梅花式、八方式等，且雕饰华丽，桌面镶大理石板。其他花几、座屏、玩石随宜布置，没有定则（图3−120）。在大型宅园中往往有鸳鸯馆，馆中分为前厅与后厅，前厅按正厅格局布置家具，后厅按内厅要求布置，以示区别。

卧房的家具布置较为自由，一般在房间的背阴一侧安放架子床或拔步床，有幔帐围护。床后留出一定空间放置箱笼、盥洗用具、杂物等。床前置床头柜、梳妆台、坐椅等，富裕人家安置了穿衣镜台。另一侧置衣柜、小橱、衣架、盆架等（图3−121）。

图3−116 江苏江阴徐霞客故居盆架

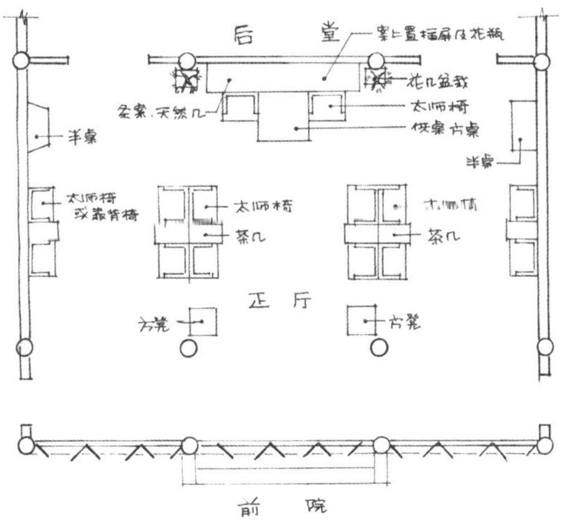


图3−117 主厅家具布置示意图

图 3-118　江苏常熟翁同龢故居彩衣堂正厅家具布置

图 3-119　江苏苏州留园林泉耆硕之馆正厅条案陈设

图 3-120　江苏苏州狮子林内厅家具布置

图 3-121　江苏昆山周庄沈厅卧房家具

书房家具以书案为主，书案位置选在窗前或窗侧，保证有良好的光线，案前设一圈椅，案侧有一小方桌，放置书籍及杂物。房间另一侧置书架、书橱等。较大的书房内另置坐椅、茶几一套，以便友人来访谈书论画。假如是画斋，则需添置画案及画缸等用具（图 3－122、图 3－123）。书房家具多用曲线，家具转角及构件多用圆形截面，少用方料，椅子靠背做成 S 形，座面用藤编工艺。总之希望书房内的空间氛围呈现出简雅明快的格调。

花厅以赏花为主要功能，花厅一侧皆有面向花园的一系列长窗，家具布置以面窗而设的多套坐椅茶几组合为主，以便透窗观景，品茗赋诗，以呈雅兴。另外配置一些小条案、画案、花几、文玩架，

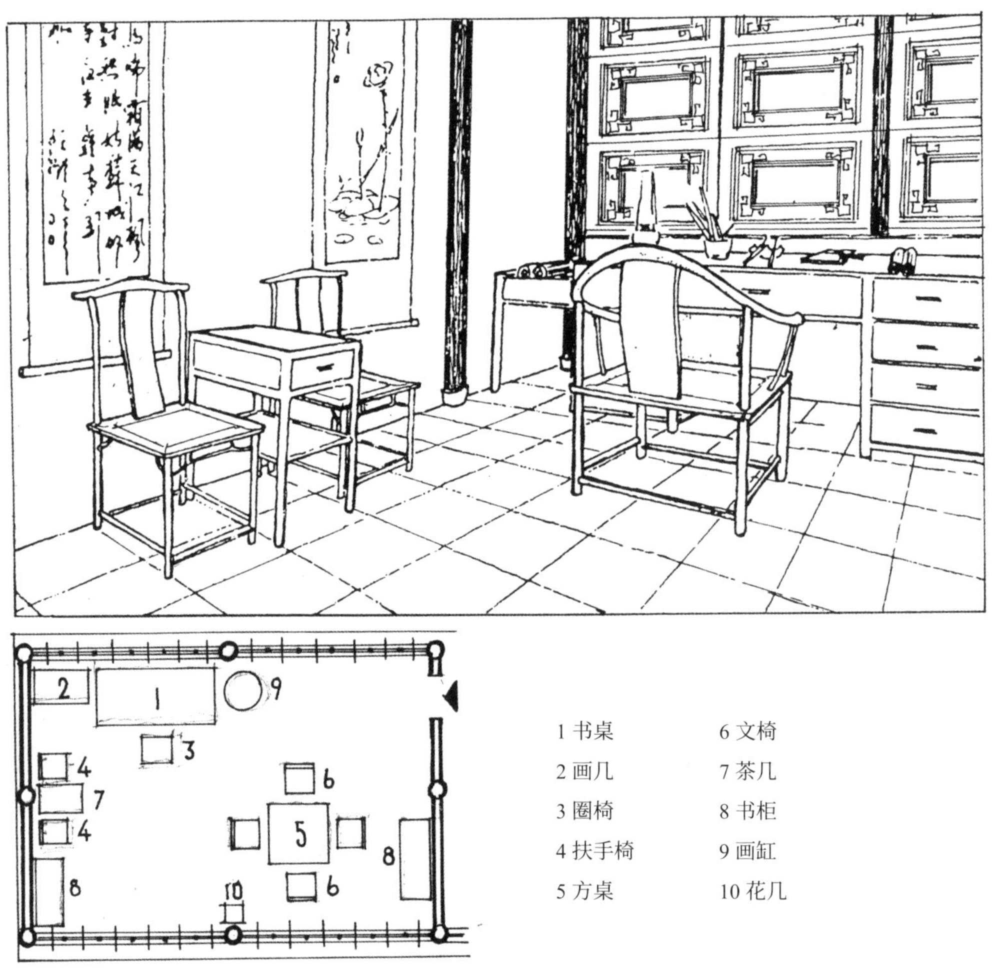


图 3－122　江南民居书房家具布置示意图

图 3-123　江苏常熟翁同龢故居晋阳书屋

墙面悬挂书画条幅及大理石挂屏等。苏州拙政园远香堂为一可四面观景的大型花厅，称四面厅，厅内家具布置甚多，可称是花厅的特例（图 3-124）。

## 2. 匾联

用文字装饰室内外空间是中国建筑艺术的重要特征。中国文字与其他国家的拼音文字不同，它是由象形文字逐渐简化，并整形而成的单个字体，一音可以有多种字形。中国文字的点画、结构及形体与拼音字不同。它是以各式线条组合为特征的一种文字，它通过点画线条的强弱、浓淡、粗细等丰富的变化，字形、字距和行间的分布，以及书写者的感情思绪的起伏变化，构成优美的章法布局，表现出雕琢、秀丽、豪放等艺术意境，具有极高的美学价值。中国文字的美学呈现有几项重要的原因。首先，中国数千年的文字发展变化，形成了甲骨文、古籀文、大小篆文、隶书、楷书、行书、草

图 3–124 江苏苏州拙政园远香堂四面厅

书等不同的文体，同音同字写法不同，产生不同的变化趣味。其次，文字是用毛笔书写，用笔轻重粗细，行笔疾徐顿挫，产生许多变化，每人写来各不相同，形成个体风格，历史上造就了众多的书法家，如欧柳颜赵、苏黄米蔡等八大书法家，其书法就是一件件艺术品。再有中国文字是方块字，用在建筑上的排列比较自由，可横排、竖排、回环排、对联排，可适应建筑部位的不同要求。最后，中国文字的音韵平仄，字义对仗，更是拼音文字所不具备的。诗词文学对联句的兴起，对于讲求平衡对称的中国传统建筑来说，对联装饰建筑室内外，是十分和谐的手法。对于民居园林而言，最通用的文字装饰就是匾联，横者为匾（个别也有竖匾），竖者成对为联。

（1）匾额

匾额一般悬挂在屋檐下及厅堂室内上方，标示建筑物的名号，或者阐明建筑的文化价值，匾额是集书法、文学、雕刻、漆艺于一体的建筑装饰艺术品。匾额按制作材料及形式可分为数种。“斗子匾”，其四周边框向外倾斜状，形状类似量米的斗，故名。匾心多为青色涂饰，匾边为银朱红色，匾心字为铜胎金字，风格古朴典雅，是宫殿、宫门、城楼、寺庙常用的标准型匾额。“雕龙匾”，基本形状类似斗子匾，但匾边上雕有云龙，五、六、七、九条不等，浮雕贴金，高贵华丽，仅可用于宫殿建筑及敕建寺庙。“一块玉匾”，只是一块平板，无边框。皇家用匾的地子有阴刻的花饰，字体凸出，为金地黑字或黑地金字，雍容华贵，是属于高贵的匾额。民间所用的一块玉匾式平板无华，没有雕刻，多为白地黑字，或为兰地白字。“清色匾”，为刷清油并透出木纹的平面匾，无边框，匾字有金、蓝、绿、白等多种颜色。风格高雅，古朴怡神，多用于园林建筑及住宅的书斋、客厅等处。“框档匾”，匾心为平面，四周凸起边框，框上有回纹“卍”字等花纹图案，并贴金。匾心为黑色、绿色，匾字有金色或白色。风格清秀，朴素大方，适用于社会上各类建筑。“壁子匾”，是将纸或绢裱糊在白樘箅子上（即井字木条骨架）而成，将帝王或名人的书法真迹裱糊上匾，故又称为纸绢匾。其风格典雅简素，有浓厚书卷气质，但仅可用于室内。“花式匾”，匾形为不规则，如书卷形、册页形、扇面形、套环形。匾框花式、油饰颜色、字体用材皆不相同，以色相对比强烈，形体突出为准。多用于皇家及民间的园林建筑。

江南地区民间建筑用匾多为一块玉匾及清色匾，取其典雅古朴，简洁明快，与素雅的建筑相配，风格协调。少数建筑用雕龙匾，皆为高官有政府背景之家，如翁同龢宅的采衣堂（图 3−125）。匾额题名皆与建筑功能性质有关，依此可分为数种。如堂号匾的“明善堂”“思永堂”（图 3−126、图 3−127）；园林匾的“古五松园”（图 3−128）；功德匾的“高山仰止”等（图 3−129）。匾额题名多与建筑功能与环境相关联，能更深入地阐明景观的特色，如拙政园的鸳鸯厅的北厅匾题为“三十六鸳鸯馆”，是因为馆北临荷池，池中曾豢养了三十六只鸳鸯，故以为名；而馆南的副厅悬匾称“十八曼陀罗花馆”，是因为馆后有一小园，种有山茶名种“十八学士”，因此得名。在鸳鸯厅中，早春可在南厅吟诗赏花，夏季可在北厅观荷戏禽，表现出文人雅士的生活乐趣。

图 3-125　江苏常熟翁同龢故居

图 3-126　江苏苏州东山杨湾明善堂

图 3–127 江苏常熟翁同龢故居思永堂

图 3–128 江苏苏州狮子林古五松园

图 3–129 江苏江阴赞园

（2）对联

对联是一种对偶文学，两句字数相同，结构相同，但词意相对，对仗工整，平仄协调，言简意深，相辅相成，是中文语言的独特艺术形式。对联始于五代，至明代大盛，不仅在婚丧嫁娶之时互赠纸质对联，同时在建筑上也出现了固定的硬质对联，题在门板上、外檐柱上、正厅内柱上及厅壁上，并且制作也日益精致。

建筑上的对联有平板式及抱月式（按圆柱的外形做的半弧形），有边框与无边框之分。用材皆为木质。因对联狭窄而竖长，故边框极少雕刻，以不同的线脚装饰木质边框，有些对联采用一块玉式，没有边框。

除了节日用的纸质临时对联以外，建筑用的对联有三种，即楹联、中堂联、门联。楹联是指挂在明间外檐柱上的对联，宫殿、庙宇、祠堂、园林、大宅正厅等处皆可应用，是应用最广泛的一种对联，但在一般民居中应用较少。无锡薛福成故居轿厅所用楹联为白地黑字，而大门及匾额为黑地白字，反向而用，显得十分统一协调（图 3–130）。

图 3–130　江苏无锡薛福成故居

中堂联为挂在厅内后檐屏门两侧柱上或屏门上。中堂联的内容十分丰富，如从政、治家、修身、赏景、言志等词句，随主人的喜好而定，联词可长可短，并无定则。民间堂联用材皆为清油或彩油的一块玉式的木联，无边框，用色简单，为黑、白、石青、石绿等色，与堂匾及屏门木刻相配（图 3–131、图 3–132）。有些宅院正厅悬挂多幅对联，表示主人结交文人雅士之广泛。中堂联亦可作纸质联，造价低廉，易于更新，且可数联并挂，故大量民居多用纸质联。纸质联多与中堂画与题字相配，作为堂壁的装饰物。如喜堂挂喜字，寿堂挂寿字（或百寿图），一般客厅挂山水画。纸质联只能挂在屏门或墙壁上，并用细线拢住以防风吹，不能挂在金柱上（图 3–133）。门联是指挂或刻在门板上，北京民居的如意门及小墙门上常刻有门

图 3–131 江苏无锡东林书院正厅

图 3-132　江苏苏州狮子林

图 3-133　江苏淮安周恩来故居书房

联，如刻“诗书继世久，忠厚传家长”“修身如执玉，积德胜遗金”等。江南地区的门联常刻在内门上，如钱锺书故居的门联，刻的是“长空有所思，古抱不可存”，表示了进取向上的意念（图 3–134）。

图 3–134 江苏无锡钱锺书故居

# 第四章
# 庭院空间装修

上述章节所讨论的内外檐装修是对建筑物本身的构造及美学处理的论述，而作为整体建筑而言，建筑物室外庭院空间诸要素的各种做法，亦对建筑风貌的形成具有重大影响，尤其是园林建筑。庭院及园林空间形成的要素有院门、院墙、地面、园林中的小型建筑等。这些要素在江南民居及园林中有着丰富的表现，是建筑艺术中的重要组成部分。

## 一、院门

大门是建筑整体给观者的第一印象，它显示了建筑家庭的权势地位，俗称门第，即门的形制代表了建筑的品第高下，故所有家庭都对大门的形制及装饰十分重视。大门可分为屋宇式大门及墙门两大类。从历史上分析，屋宇式门应该使用较早，而明代以来，随着砖材的普遍应用，以及提高防火的要求，以砖石材料为主的墙门开始兴盛起来，即俗称的石库门。

### 1. 屋宇式门

顾名思义，屋宇式门就是一栋木构的建筑，可以是三开间，也可是单开间，大门设在中间。其中最显贵的称为将军门。将军门皆用在府衙、官僚府第、民宅大户，非一般百姓可设置的。苏州拙政园的将军门，是因为原来为苏松常道衙署，后又改建为太平天国忠王府之故。将军门的做法是，三开间，进深四界，分心柱，前后做双步，在明间中柱间装门扇两扇，门扇两侧有门框及余塞板，门扇上有上槛饰以门簪及匾额，门下槛可拆卸，以通车马，门框前设砷石（抱鼓石）一对，大门的两次间设照墙，前檐额枋可绘彩画，枋下可装挂落。其形制类似北京王府的广亮大门，是最高级的大门形制（图 4–1）。将军门也有一开间，其形制雷同，但大门进深较浅，只有双界三檩，门扇设在中间，如无锡薛福成故居的大门（图 4–2）。

一般百姓家庭常用的屋宇式门为“楼门”，该式大门为一间，

图 4–1　江苏苏州狮子林将军门

图 4–2　江苏无锡薛福成故居大门

图 4–3 浙江湖州马军巷竹丝楼门

双层楼屋，硬山屋面，封火山墙前凸有墀头及砖雕。前檐下设双扇或四扇板门，板门外皮镶贴竹片，拼出人字纹、席纹、回纹等花纹，具有防腐防雨保护门扇的作用，又有装饰效果。门上设两端段微凹的月梁，俗称探海梁，梁上楼屋设地坪半窗。探海梁上有雕刻，加上楼屋的窗棂格及栏杆花饰，组成楼门华丽的外观，是江南地区门屋建筑十分突出的地方特色(图4–3)。楼门也有不同的变体，有的将楼门的门扇部分后退若干，形成门前的小空间，可以避雨，同时门前有阴影，增加了立体感（图 4–4）；有的将上下层楼体退后，形成凹凸的立面，显得楼门更有宏大的气势（图 4–5）。

图 4–4 浙江乌镇民居楼门

图 4–5 江苏无锡惠山古镇楼门

## 2. 墙门（石库门）

墙门即在墙体上开洞设门，没有屋宇空间，属简易的门式，全国各地广泛存在，形式各异，又可称为随墙门，江南地区又称为石库门。石库门的特征是门洞有一圈石材的门框，中间的门扇为厚重的木板，考究的人家在门板外侧镶贴磨细方砖，以铁钉固定在门板上，增加防火功能，其优异的防火坚固的特点类似库房的大门，故俗称石库门（图 4−6）。近代在上海地区出现的联排两层小住宅，其入口门式亦类似石库门，故俗称石库门住宅（图 4−7）。

图 4−6　江苏苏州怡园石库门

图 4–7 上海中共一大会址石库门住宅

图 4–8 江苏苏州狮子林

石库门在各类住宅中不断演化增饰，由简入繁，出现了不同的形制，表现出业主不同的财力与爱好。首先在门上凸出院墙，墙头出现了小屋面，与院墙相协调（图 4–8）。后来在石库门两侧墙上将白灰粉饰改为清水磨细方砖，极大地提高了院门的规格（图 4–9）。再后来又将门侧的垛墙挑出墀头，形成完整的大门立面造型（图 4–10）。至此石库门不仅是门扇的构造，而是门、墙、顶、匾饰的综合体，表现出等第的区别。

当石库门用于内院塞口墙时（塞口墙为多进院落之间的隔离墙，以及院两侧之墙，以防失火，延及各院联烧），由于受

图 4-9　江苏苏州拙政园入口大门

图 4-10　江苏苏州仓米巷某宅石库门

垂花门形制的影响，其形制更加奢华，增加了大量清水磨砖及雕刻，成为业主显示财富的标志。根据《营造法原》所述的内院石库门的做法为，“门框为石料……门两旁作砖磴（墩），称为垛头，深同门宽。墙面内侧作八字形，称扇堂……垛头下部作勒脚，上部架石条名顶盖，内并加横木名叠木。外包清水砖作枋形，称为下枋。枋面出垛头寸许，四边起线，两端作纹头雕饰，枋面长方形平面，称一块玉。中央施雕刻，称为锦袱。下枋之上，缩进寸许，作浑面起线覆置者为仰浑。上为束编细，束编细为面平带状之砖条。其上为仰置浑面起线为托浑。托浑以上为则为大镶边……大镶边分作三部，两端方形部分称兜肚。中部称字碑，用以题字。字之四周围以字镶边。兜肚以内，或再绕以起线，刻嵌角、花卉诸饰，类多简洁。大镶边之上施以仰浑、束编细、托浑等。再上则为上枋。上枋式样，一如下枋，枋底开槽以悬挂落。枋之两端为荷花柱，柱之下端刻垂莲状，或作花篮。其上端连于枋上之定盘枋……定盘枋正面，上为五寸空宕，较枋面稍进，随加浑砖二路，方板砖一路，逐皮挑出，称为三飞砖，亦即墙门之所以命名。侧面置靴头砖。其上架桁设椽，盖瓦筑脊。其侧面山尖处，安砖博风。”江南匠师称这种内院塞口墙的石库门为三飞砖墙门。综上所述，其主要的特征，除库门及八字墙垛之外，门上部有下枋、大镶边、上枋三条清水砖雕装饰带，上枋两端有荷花垂柱，再上有三飞砖出挑，硬山瓦顶，全部为清水磨砖，精雕细刻，是较大住宅内院门常用的门式设计（图 4-11、图 4-12）。

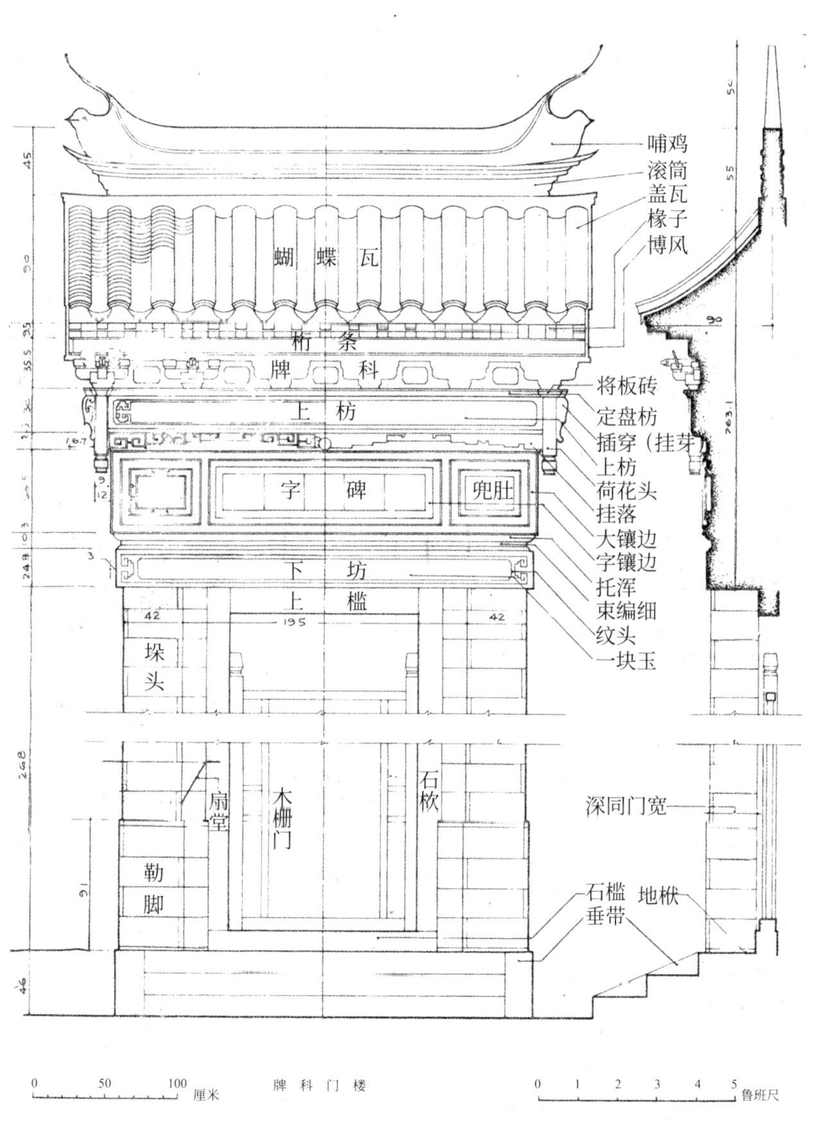


图 4-11 苏州民居砖门楼立剖面图

图 4-12　江苏无锡薛福成故居石库门

在实际应用中，这种三飞砖墙门式的石库门有许多变体。从简化角度，可以没有定盘枋及荷花柱。再简化而不用垛头墙，将三条装饰带直接架在门上端，称衣架锦式石库门（图 4-13）。还有的简化石库门，不做清水砖，仅在青砖外抹灰粉刷，做出线道及装饰，该式称为水作三飞砖墙门，当然这种式样墙门的定盘枋、挂落、垂柱皆可省去，十分简洁。另一方面从增繁角度，可以在三飞砖墙门的基础上，在定盘枋上增加牌科（斗栱），或一斗三升，或一斗六升，

图 4–13　江苏苏州大儒巷某宅衣架锦式石库门

用正心牌科，或丁字牌科皆可。栱眼壁为透雕图案，在下枋处作挑台、栏杆、挂落，上、下枋及兜肚上雕刻人物、山水、花卉，备极华美。屋面为硬山或歇山。这种增繁的石库门称为牌科墙门，可称为最豪华的石库门（图 4–14、图 4–15）。建造这样的石库门用工可达数千，是富商大户炫财斗富的建筑，表现实物之一例。

从时间顺序来看，内院石库门有清晰的演变脉络。早期的石库门是从垂花门罩移植过来的，按北京四合院的垂花门构造形式，有通长的垂花柱，悬出院墙之外，两柱之间有上、下枋，称檐枋及帘笼枋，枋之间有花板（即垫板位置），

图 4–14　江苏常熟翁同龢故居彩衣堂牌科石库门

图 4–15　江苏苏州网师园牌科石库门

并以短柱分为若干段，饰以如意透雕花饰，垂花柱上为麻叶抱头梁，梁上搁檐檩，布椽，上为悬山屋面（图 4–16）。而三飞砖石库门的清水砖完全类同，只不过将花板部分凸出来，分隔成兜肚与字碑三段，形成大镶边。檐檩部分变成空宕砖，为了将较短的砖椽挑出，则在其下增加了三飞砖，加强挑出的受力。早期的石库门可以从现存的几座明代内院石库门中得到验证（图 4–17、图 4–18）。初期石库门的雕饰构图亦较简约，线条粗壮有力，具有明代建筑彩画的风格遗韵。清代以降，渐事增繁，垂花柱上调至上枋两端，下枋上皮挑出平台栏杆，下皮镶嵌挂落，增加斗栱，屋面由硬山增加歇山，雕饰由锦纹包袱改为戏曲人物、花卉禽鸟等高浮雕题材，风格变为

图 4–16 北京四合院垂花门

图 4–17　江苏苏州木渎镇明代石库门

图 4–18　江苏吴江黎里镇柳亚子故居明代石库门

臃肿烦琐，以雕工技艺高低竞相夸耀（图 4–19、图 4–20）。至民国时期有的石库门的雕饰可达五层之多，完全失去了建筑装饰的美感追求，走上错误的道路（图 4–21）。

图 4–19　江苏苏州木渎镇冯桂芬故居石库门

图 4–20　江苏苏州木渎镇乾隆行宫石库门

图 4-21　浙江宁波某宅大门砖雕石库门

## 二、墙饰

在江南地区的民居园林建筑中墙体数量明显增多，它可以起到分割、遮挡、导引等作用，因此对墙体的美化十分重视。从墙体作用来分类，有一般院墙、封火山墙、照壁墙等不同类型，以院墙的数量最多。

### 1. 院墙

院墙包括住宅围墙、塞口墙、园林景点分隔墙，其构造大同小异。墙基可用条石或水砖砌，墙身为白灰粉刷，墙顶处“逐皮挑出作葫芦形之曲线，称壶细口，下施通长枋子，称为抛枋，枋下承以圆形托脚，名托浑”。顶上铺瓦设脊。一般顶部皆刷炭黑，与白色墙身对比（图 4–22）。简易者则不设抛枋，直接设飞砖铺瓦设脊。

图 4–22　江苏吴江同里镇退思园院墙

而富户人家则将朝向内院一侧的塞口墙的白粉墙面，代以清水磨砖，并在墙顶处设简单的斗栱，对院墙大施增华，以示财力（图 4–23）。在园林中，因随地形变化而设置的分隔墙，其墙顶可以做成波浪形，随形高低起伏，称为波形墙，增加了园林空间的趣味（图 4–24）。有的波形墙的墙顶增加漏空叠瓦，形似龙身，墙身结束处，塑造出龙头，可称为龙墙。这种设计的构思比较粗放，只是玩弄技艺，内涵浅薄，只能偶而为之而矣（图 4–25）。

图 4–23　江苏苏州民居内院墙面贴砖

图 4–24　江苏无锡寄畅园波形墙

图 4–25　上海豫园龙墙

## 2. 封火山墙

从明代开始，建筑用砖得到了很大的发展，出现了一批砖拱券结构的建筑，同时普通百姓的住宅也开始用砖，山墙与后檐墙改为砖构。为了木构建筑的防火要求，在北方出现了硬山山墙，代替了使用几千年的悬山山墙的做法，将山墙木构架完全包裹在墙内，以防火灾。

南方的住宅山墙更是高出屋面，提高了防火的功效，避免延烧各座房屋，称为封火山墙。各地封火山墙的形式各不相同，表现出地方特色。江南地区的封火山墙有两种，一种为观音兜式，即山墙顶端呈高耸的弧形，类似观音菩萨戴的风帽，故名。观音兜式山墙为一般百姓住宅常用的形式。另一种为屏风墙，即墙顶呈平置的阢梯状，前后三阢的为三山屏风墙，前后五阢的为五山屏风墙（图4–26、图4–27）。个别建筑亦有作七阢，甚至有达到九阢的（图4–28）。

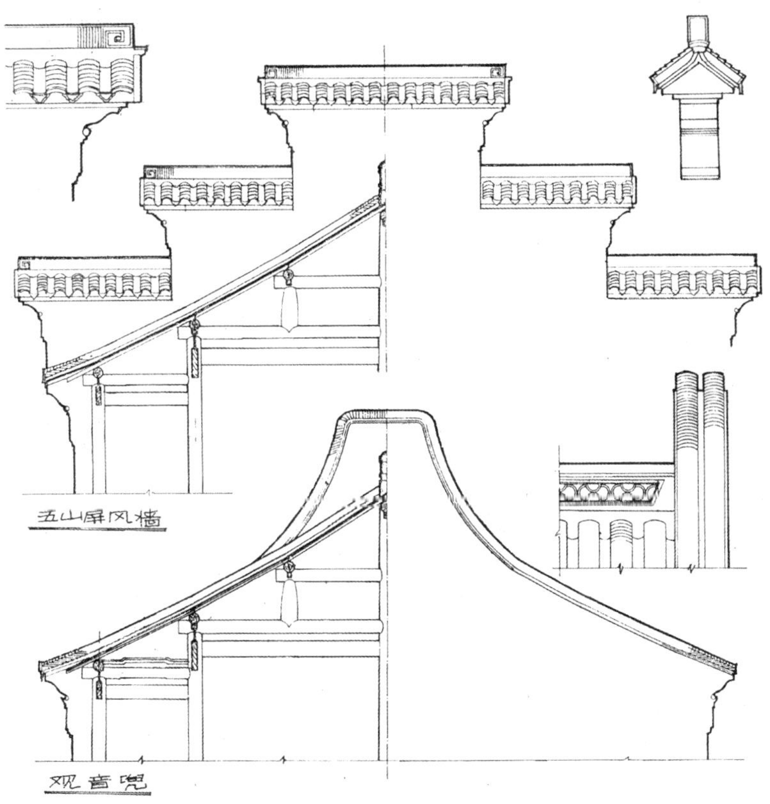


图4–26　苏州地区封火山墙构造图

屏风墙的艺术形式的变化可在几处表现出来，如各阢垛头的形式及挑出的深浅，各阢屋脊构造及端头的形式（图 4–29），常用的端头为瓶式、纹头、如意、斜脊雌毛诸式。

图 4–27　浙江宁波陈氏宗祠封火山墙

图 4–28　江苏无锡钱锺书故居封火山墙

图 4–29　浙江宁波庆安会馆封火山墙

### 3. 垛头

垛头在北方建筑中称墀头，就是山墙在前檐的端头，分为三部分，下为勒脚，中为墙身，再上为出挑的承檐，称为翻花，随前檐出檐的多少，出挑的深浅也不同。垛头分为水作及做细清水砖作两种。在住宅中，崇尚精巧，多为清水砖作，其挑出的承檐是雕饰的重点。承檐部分又分三段，上为飞砖，中为兜肚，下以托浑承之（图4—30）。上面出挑以三飞砖为基础，可以有许多变式，如壶细口、

图4—30　江苏无锡薛福成故居大门垛头

吞金、书卷、朝板式、纹头等，总之是以飞砖出挑，达到出檐的深度为则（图 4–31）。承檐部分的砖雕是衡量业主财力的象征，有极复杂的雕饰，达到数层透雕，花样翻新（图 4–32）。有的承檐不仅在正面有雕饰，而且侧面浮贴清水花饰，在檐廊内侧的承檐部分，在粉灰面上还有墨绘图案，极尽美化之能事（图 4–33、图 4–34）。在垛头装饰方面，江南建筑可称为全国之冠。一般寺庙、商店，百姓人家多采用简单的水作，即在砖墙身上做出各式飞挑，以白灰罩面，作出各种花样细活。遇到楼层出挑，则可设两层承檐以配合。

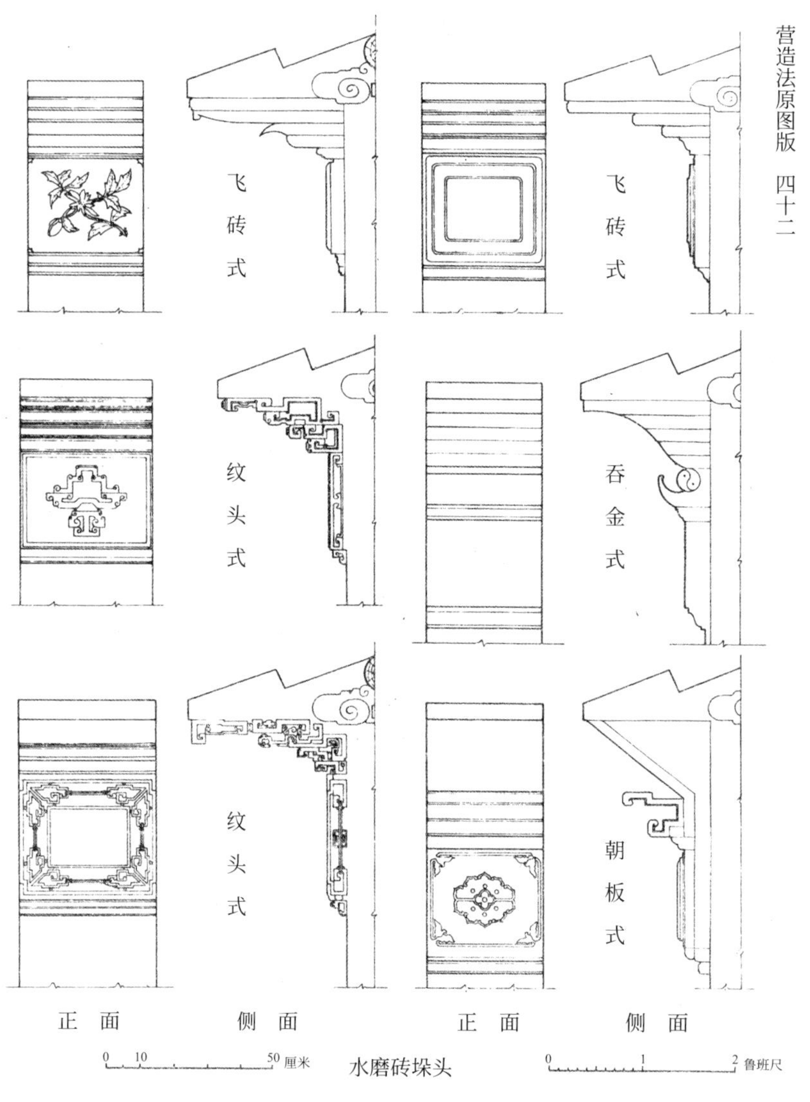


图 4–31 各式垛头墨线图

图 4-32 浙江宁波天一阁封火山墙垛头雕饰

图 4-33 浙江宁波天一阁西门封火山墙雕饰

图 4-34 浙江宁波秦氏支祠墀头彩描

## 4. 照墙

照墙又称照壁墙，是为遮挡视线而设置的墙壁。北方地区称为影壁，有门外对面的影壁，门两侧的八字影壁，及门内的靠山影壁等。因江南民居多为中轴式布局，有层层屏门遮蔽，故没有门内照壁，多为对门的照壁。照壁的做法与塞口墙作相同，其墙头只比塞口墙更高一些，高等级的照壁也可增加斗栱。一般照壁为白粉墙，上有砖题字，比较素雅可爱（图 4-35）。豪华者的壁体全部作细清水砖，勒脚部分改为石作须弥座。更大型的照壁可作成一高二低的三联体式照壁，壁体内除满铺清水砖外，尚饰以花纹角叶及须弥座雕刻等（图 4−36、图 4−37）。更有甚者，除壁体为三联体以外，其壁顶完全移植内院石库门之制，有三层花枋及荷花柱，上饰斗栱瓦面，高耸的兽脊，气势宏伟，这种照壁多用于家族祠堂等重要建筑之前，以壮观瞻（图 4−38）。

图 4−35 江苏无锡顾毓琇故居照壁

图 4−36 江苏常熟曾赵园照壁

图 4–37 江苏吴江同里镇某宅照壁

图 4–38 浙江宁波秦氏宗祠大门前照壁

## 三、洞门与空窗

江南建筑中的围墙隔墙甚多，尤其园林的各景区之间多以墙垣相区隔，为增强各区间的联系及游览路线的导引，故在墙壁上开辟许多空洞。可通行但不装门扇的称为洞门，江南称之为地穴；不可通行又不装窗扇的窗洞称为空窗，江南称之为月洞。为了与全国的园林建筑的称谓相协调，故本书采用洞门与空窗的称谓，可能更为通俗易懂。在建筑中应用洞门与空窗是江南建筑的一大特色，特别是在园林设计中应用得十分巧妙，在艺术上取得非常重要的成果。

洞门与空窗在造园艺术上有两方面的作用：首先，可很好地使空间互相渗透，增加了景观的深度与广度，达到意想不到的效果；其次，可以起到“框景”“对景”的艺术点景作用，洞门与空窗就是画框，随主人的意愿从不同角度取景。

江南私家园林的面积较小，在有限的空间内尚要创造不同的景区，从有限扩展到无限，以获得最大的艺术享受，所以要打破空间的界墙，用洞门和空窗使各个园林空间相连互通，在这方面有相当多的成功范例。例如苏州东山古石巷周宅的庭院，可透过落地花罩看到院内玲珑的湖石，再从塞口墙上的洞门，看到后面院落的景物，产生“庭院深深深几许”的艺术感受，无限扩大了视觉范围（图 4−39）。又如苏州留园入口附近的鹤所，本为一较短的廊道，但在临花园一面的墙上，开辟了几个大小不等的洞门与空窗，占满了整个墙面，使廊道与园景互通，成为相联的艺术空间，既分隔又联结（图 4−40）。苏州留园曲谿楼是一座两层楼阁，其下层在通往西楼的毗临园林的一段墙壁上，设置了一系列的洞门、空窗及漏窗。其中间为长八角形洞门，两侧为横长方形空窗，窗宽达 160 厘米，窗高为 120 厘米，从这两个窗口可望见园中的明瑟楼、濠濮亭等景观。往前行又设计了两大空窗，凭窗可见清风池馆及假山等园中景物。正是这一系列的空窗将园中景物纳入室内，造成室内外空间的交融共赏（图 4−41、图 4−42）。

图 4-39　江苏苏州东山古石巷周宅花罩院落洞门组景

图 4-40　江苏苏州留园鹤所

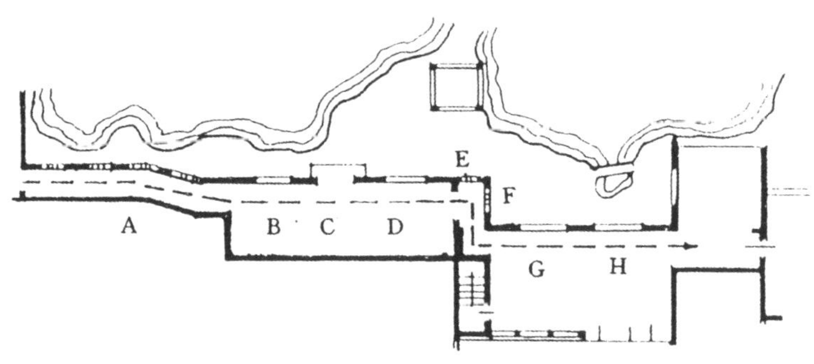


苏州留园曲谿楼空窗洞门平面图

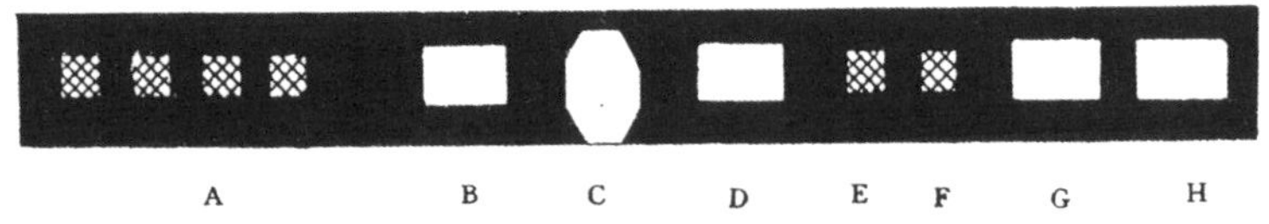


苏州留园曲谿楼墙面展开示意图

图 4-41 江苏苏州留园曲谿楼洞门空窗设置图

图 4-42 江苏苏州留园曲谿楼洞门空窗

苏州网师园的集虚斋前有一植竹小院，院前又设置了一段走廊，称竹外一枝轩。集虚斋与走廊之间用地狭小，空间局促。为了扩展引导视线，特在轩廊临院一侧设置了洞门与空窗，将小院中的修竹景色引入轩廊中，故称竹外一枝轩，是空间互联的优秀范例（图 4-43）。洞门与空窗将江南园林景观的轻柔空透、空间穿插的艺术特点，表现得淋漓尽致。

图 4-43 江苏苏州网师园竹外一枝轩

洞门与空窗的“对景”“框景”作用亦十分突出。对景是将洞门或空窗直对某些景色而设置，一般为近距离的景色，是有目标的设计举措。如将窗前小院的竹、石、芭蕉作为对景，以窗框界范出一幅鲜活的花草绘画（图 4-44、图 4-45）。也可将建筑物作为对景主体，纳入空窗或洞门之中（图 4-46）。总之，对景是静态的，有轴线的安排，在艺术风格上是凝固的。而框景的办法是将园中景色纳入门窗框之内，透过洞框取景的角度因人而异，可对景物直取亦可侧取，也可因时而取，是动态地观察景色，透过门窗洞口可捕捉到自己欣赏的画面。例如苏州拙政园即是通过别有洞天深邃的圆洞门及挂落，将对面园林丰富的景色包含在洞门画面中。网师园亦以相同的原理将园林景色纳入洞门之中，此两例皆是直取景色的做法（图 4-47、图 4-48）。而苏州留园的八方洞门是以侧取的方式将景物纳入窗景之中，获得光影的最佳效果（图 4-49）。此外，无锡惠山寺洞门则选取远处的锡山及佛塔作为对象，是远取的佳例（图 4-50）。扬州钓鱼台通过园亭的两面亭壁的洞门，双取远处的莲性寺白塔及五亭桥景色，双洞配双景，亦是非常巧妙的框景手法（图 4-51）。此法在拙政园的梧竹幽居亭及与谁同坐轩中，亦被巧妙地移植过去。

图 4–44 江苏无锡薛福成故居空窗

图 4–45 江苏苏州网师园竹外一枝轩空窗

图 4–46　浙江杭州超山胜雪坞洞门对景

图 4–47　江苏苏州拙政园别有洞天洞门

图 4–48　江苏苏州网师园洞门

图 4–49　江苏苏州留园八方洞门对景

图 4–50　江苏无锡惠山八方洞门对景锡山

图 4–51　江苏扬州瘦西湖钓鱼台洞门对景

洞门及空窗被广泛地应用在园林中，故对其本身的轮廓造型亦十分重视，希望能增加更多的变化趣味。园林中常见的为圆形洞门及长方形洞门，此外还有圭式门、长八方式门、长六方式门、海棠式门、如意式门、莲瓣式门、秋叶式门、葫芦式门、银锭式门、汉瓶式门等（图 4−52 ～图 4−55）。各式洞门又有不少变化，如汉瓶式门就有不同形式，长方式门的门框上有各种凸起，角部有角花装饰。洞门与空窗的边框通常用水磨清水砖作出各种线脚，有文武面、浑面、亚面、叠涩线等，极尽装饰之能事。洞门与空窗亦可组成搭配式的构图，如杭州三潭印月景点的一座空窗，窗外的一枝梅花透过空窗，伸到窗中，成为“窗中梅”的组景，别具诗意（图 4−56）。又如苏州砂皮巷小学的一樘瓶式空窗，在窗的顶部浮塑出几枝花叶，更加丰富了瓶式窗的造型（图 4−57）。但这些仅是个别的实例。

图 4−52 江苏苏州怡园圆洞门

图 4−53 江苏如皋水绘园海棠及秋叶洞门

图 4−54 江苏苏州吴江同里镇退思园汉瓶式门

图 4−55 上海豫园如意门

图 4–56　浙江杭州三潭印月空窗配梅花

图 4–57　江苏苏州砂皮巷小学内瓶式空窗配灰塑

园林中应用最多的圆洞门、长方形洞门及横长方窗，它们起到了连通空间、对景框景的主导作用，也是游人注意的重点。而一些花色特异的门窗，多用在游廊转角、小院隔墙等空间狭小地方，可产生重点突出，活泼视觉的作用。洞门及空窗成为江南园林中重要的造园手段，是造景的有力助手，也是建筑装饰艺术的重要载体。

## 四、漏窗

### 1. 漏窗的美学价值

漏窗即是在空窗中加设透空的实体花格图案，既透气，又美观。早在明代已经出现漏窗，称为“漏砖墙”，又称“漏明墙”，至清代更演化出多种形式，成为江南地区园林装饰的重要手段，沿用至现代仍在应用。漏窗的作用可以分隔空间，并隐约产生互透的感觉，若将相邻空间的空窗设计定为实透，则漏窗是虚透，若有隔纱而视的感受。即《园冶》中所说，“凡有观眺处筑斯，似避外隐内之义”。漏窗设计发展至清代，同时衍生出对墙面的装饰效果，新样频出，手法更趋多样。

漏窗的空间分隔作用，可取苏州小山丛桂轩小院为例。该轩是园中的主要建筑，其南北两面院落皆有叠石，北为黄石，与湖面相邻。南面为湖石，较为低矮，而且与南面琴室的附属建筑相对，彼此相距甚小。设计者在湖石后面建造了一段花墙，安置了一系列漏窗，不仅将空间划分开，而且美化了院落环境，造成优良的效果（图 4-58 ～图 4-60）。以漏窗墙体分隔空间的手法在园林设计中经常引用，如苏州西园、扬州的汪氏小苑皆有成功的实例（图 4-61、图 4-62）。

### 2. 漏窗的分类

漏窗的设置状况分为两类，即墙窗与廊窗。墙窗是在独立的墙体（包括围墙、塞口墙及房间的外墙）上开设漏窗，达到分隔并互

图 4–58 江苏苏州网师园小山丛桂轩前小院

图 4–59 江苏苏州网师园小山丛桂轩外廊及轩前图

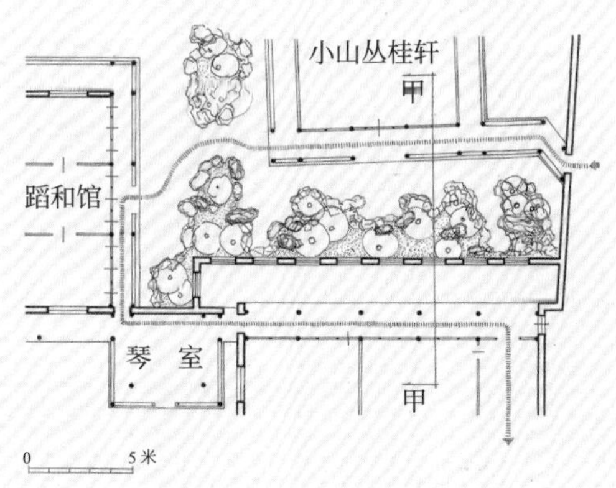


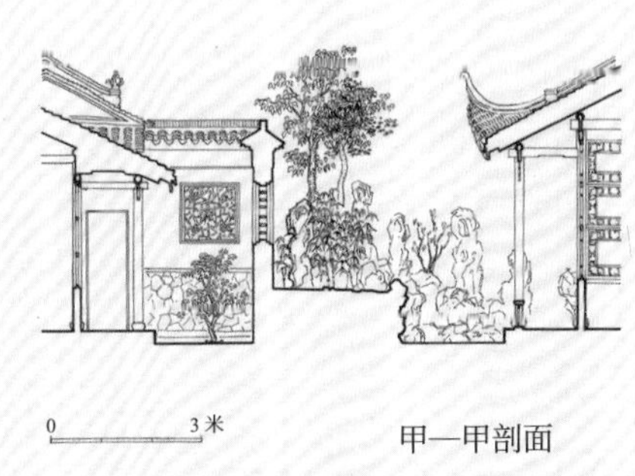


图 4–60 江苏苏州网师园小山丛桂轩平面、剖面图

图 4–61　江苏苏州西园漏窗

图 4–62　江苏扬州汪氏小苑漏窗

见的效果，同时增加了墙壁的美观性，打破了墙壁平素呆板的面貌，如苏州虎丘拥翠山庄东门的围墙上安排了一系列漏窗，使山庄内外的景色交融在一起，空旷中又有繁密，虚实互补（图 4−63）。吴江退思园的墙窗，以白粉墙为依托，与浓密的树木相互依存，表现出静思养性的意境（图 4−64）。苏州留园古木交柯前廊墙上开设六扇

图 4−63　江苏苏州虎丘拥翠山庄

图 4−64　江苏吴江同里镇退思园

漏窗，其图样有六角形、盘头、卍字、八角海棠、海棠芝花、藤茎如意。透过这六扇漏窗观赏园中景色，宛如隔着一层纱幕，若隐若现，有似隔非隔的艺术效果。浙江鄞县新乐乡蒋宅，在内院的侧隔墙上设三档漏窗，是以花格型砖组成的，规整有序，但显得空透不足（图 4−65）。有些大宅为加强防御而建造出甚高的围墙，孤零高傲，毫无生气，为了打破简单无华的墙体，在墙顶端开设一系列漏窗，可称为高墙漏窗（图 4−66）。另外在内院过高的塞口墙上，亦可设

图 4−65　浙江鄞县新乐乡蒋宅漏窗

图 4−66　江苏苏州忠王府高墙漏窗

置漏窗，与石库门虚实相配（图4–67）。

廊窗就是在游廊上开设的漏窗，通过漏窗可隐约窥见廊外的景色。园林中的游廊有两面空廊、单面廊与复廊，以空廊与单面廊居多。单面廊一面空敞，一面有墙隔开，廊墙上可开设漏窗，虚实相称，增进了游廊的观赏趣味（图4–68）。特别是曲折蜿蜒的曲廊，廊墙方向不一，变化无常，在廊墙增设各种图案的漏窗，看来更有透视感，延长了游走的时空节奏（图4–69）。苏州沧浪亭园林的外墙临水，为此增设了悠长的复廊，即内外两面皆为空廊，中间为隔墙，墙上设连续的漏窗，效果极佳。从园外观之，隔水长廊，辅以临水亭阁，锦窗空透，略见园内假山树木，山水建筑混为一体，构图绝佳。从园内廊墙外视，透过漏窗可见临廊池水，水波荡漾，视野深远。内外皆有组景、障景的功效（图4–70）。此外，在一些两面为墙的甬道中，在逆光照射情况下的漏窗，可在廊中地面形成光影图案，与外檐长窗棂格透射下形成的光影类似，这是意想不到构成的美图（图4–71）。

图4–67　江苏苏州东山某宅塞口墙漏窗

图4–68　江苏苏州拙政园海棠春坞漏窗

图 4–69 江苏吴江同里镇退思园

图 4–70 江苏苏州沧浪亭复廊漏窗

图 4–71　江苏苏州留园入口曲廊

### 3. 漏窗的形式

江南民居及园林中的漏窗数量繁多，仅苏州地区即有数百种，其中沧浪亭园中就有漏窗一百零八式，无一雷同，为苏州园林中的漏窗之冠。江南漏窗从形式上分有五类，即砌砖叠瓦漏窗、灰塑漏窗、石雕漏窗、型砖漏窗、木雕漏窗。前三类是主要形式，后两类仅偶尔出现，尤其是木雕漏窗仅可用于室内。

在江南地区的砌砖叠瓦漏窗的数目占大多数，而且也是最早出现的基本形式。在《园冶》一书中谈到漏砖墙的花式称，“古之瓦砌连钱、叠锭、鱼鳞等类”，说明瓦砌毬纹、银锭纹、鱼鳞纹是明代漏窗的主要图式。在目前众多的实例中可以看出，仅用板瓦叠砌手法即可产生诸多图式，如鱼鳞纹、波浪纹、蛋圆纹、秋叶纹、三花纹、栀子花纹、半月纹、银锭纹、四叶毬纹、六叶毬纹、轮纹、筝纹、网纹、眼纹等。若仅用筒瓦叠砌，可产生海棠纹、圆纹、小银锭纹等。若用片砖叠砌，可形成笔管式、“卍”字纹、回纹、六方、八方、菱形、长六方、冰裂纹等。若将板瓦、筒瓦、片砖相互混用，更可产生许多新颖的花样。说明瓦与砖的叠砌方法产生图案效果的潜力十分强大，既经济实惠又变化多端，故一般百姓乐于选用（图 4−72 ～图 4−75）。一般民居用的叠瓦漏窗皆为素面，保持屋瓦的灰色原貌，最多在瓦片交接处施以白灰圆点，以作装饰。在园林建筑中的漏窗，多将瓦片表面以白灰浆包裹，成为素白图式，增加了漏窗的明快简洁效果。漏窗所用砖瓦多取苏州陆墓所产的北窑砖瓦，取其质量均匀、空隙率小、较重、吸水率小的优点。瓦号多

图 4−72　江苏吴江同里镇退思园叠瓦漏窗

图4 73 江苏苏州留园古木交柯处漏窗

图4-74 江苏无锡薛福成故居漏窗

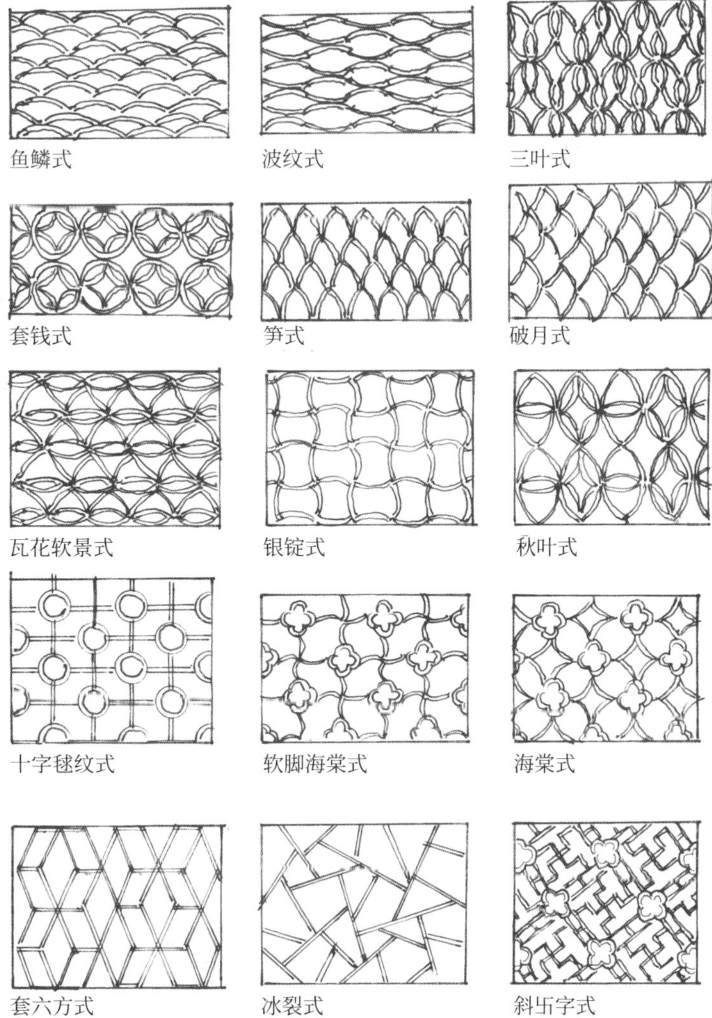


图4-75 叠瓦砌砖漏窗图式

用长度为七寸至八寸的底瓦（又称斜沟瓦）；所用砖号多用小望砖或小号斗子墙用砖，取其尺寸较小、厚度较薄之优点。

灰塑漏窗的出现较晚，园林中用之较多，只为增加游览的观赏性。叠瓦漏窗形成的图案皆为规整图案，以瓦宽为标准的几何式图形，韵律整肃，变化不足，是其优缺点。灰塑漏窗打破了几何图式的约束，引入了花鸟、树木、动物等自然题材，增加图式的思想含义，开辟出漏窗设计的新思路（图 4–76）。如苏州狮子林的漏窗图式引入了福禄寿喜及松鹤延年等吉祥图式。漏窗框内图形的自由化，也引发了窗框的自由选用，不必遵守叠瓦漏窗的方形窗框（方形是协调规则图案的最简单的窗框形式），引用了许多花叶果实的图式，使园林中漏窗成为艺术点缀的重要载体（图 4–77）。如苏州沧浪亭的荷花形、石榴形窗框，表达出业主对观赏植物的喜爱。灰塑漏窗

图 4–76　江苏苏州狮子林灰塑漏窗

制作较为复杂，首先以木片、雕砖、铁丝组成塑造形体的骨架，然后以麻丝灰浆塑造成形，以细腻灰浆作细，刷白灰水成活。

石雕漏窗较少，一般用在民居建筑中，取其坚硬耐久之优点，尤其在厨房的气窗多用石材，更有防火的作用。石雕漏窗的选用取决于石材的来源及工艺传统，同时也是地区风俗习惯的表现，如宁波市慈城镇一带习惯用石雕漏窗（图 4–78）。至于塑砖漏窗及木雕漏窗仅为个别的实例，不是主流建筑小品的形式选择（图 4–79）。

图 4–77　江苏苏州沧浪亭灰塑漏窗

图 4–78　江苏无锡薛福成故居木雕漏窗

图 4–79　浙江宁波林宅石雕漏窗

# 五、铺地

## 1. 铺地的演进

江南地区多雨，因此城乡的宅院、里弄、道路的地面皆为硬质铺装，以保证雨季的交通，并以此为基础，增加了许多美化的装饰设计，称为铺地艺术。在江南地区城乡建筑中铺地的艺术设计十分普遍，而且取得良好的效果，与漏窗艺术设计成为地区园林建筑的两大特色，并且影响到全国各地的园林设计。铺地的起源时期虽不可考证，但在明代已经十分普遍了，在《园冶》第三卷中特别编列了一章，专门讲述铺地的技巧。书中列出的乱石路、鹅子地、冰裂地、诸砖地四类，特别在诸砖地中又划分出用片砖仄砌满铺的四式；用砖嵌鹅子石砌的八式；还有用砖砌香草边，中铺鹅子石的香草边式，以及鹅子石嵌瓦的毬门式，就是目前所看到的各式铺地在明代已经全部出现了。书中也提到了用砖、瓦、石子嵌出鹤、鹿、狮、毬等形象图案的做法，但《园冶》作者并不欣赏，也不推荐，认为工匠技术不精，会出现“画虎不成反类狗”的笑话。

## 2. 铺地的材料

铺地所用的材料除以石板、方砖为原材加工的材料以外，多数为废弃材料或天然的卵石等造价低廉的材料，是低材巧用的设计典范。方砖多用在厅堂室内的地面，取其平整光洁之优点，规格有二尺方砖与一尺八寸方砖两种，在 50 ～ 60 厘米之间，满铺并磨细，造成室内平整并柔和的地面效果。石板多用在院落通道及街巷的地面，取其耐磨并防雨之优点，规格不限，常用的为二尺乘四尺的条形石板。在园林建筑中的锦纹式铺地所用材料为片砖、板瓦、黄石块、青石块、黄白黑褐各色卵石、缸瓦片、瓷片、炉甘石渣等零碎材料或废材。炉甘石渣为银炉烧炼后的残渣，其色分为紫金及青莲两色，常作花蕊点色之用，若与黄白卵石相配，更觉鲜艳夺目。以上这些材料皆为体量较小的碎材，便于手工操作，组成精巧的图案。此外还有一个特性，就是在潮湿的状态下某些材料的颜色显得更为鲜艳，含水的砖瓦颜色变深，各色卵石经水洗后颜色变得纯艳可爱，瓷片更为光洁，各种材料搭配得宜，可取得颜色分明、鲜艳夺目的效果。对于多雨潮湿的江南地区来说，选用上述材料可以取得事半功倍的成效。

### 3. 铺地的类型

江南园林的铺地图案花样翻新，不计其数，其组织设计之佳，色泽配合之美，常有出人意表之作。大约可有三种类型，即海墁铺地、花街铺地、整形铺地。

（1）海墁铺地

海墁铺地即是用一种材料满地铺装，形式单一，朴素无华，以实用为主导思想，在铺装过程中，可以利用材料排列的变化，产生一定的视觉效果，但并不突出。《园冶》中称“唯厅堂广厦，中铺一概磨砖，如路径盘蹊，长砌多般乱石”“花环窄路偏宜石，堂回空庭须用砖”。书中提出了海墁铺地应选用的材料原则。在实际运用中确有规律可循。一般大宅的厅堂室内铺地多用水磨方砖，取其光洁温润，平滑适人。尤其苏州陆墓镇窑户所产方砖，质量优异，细腻坚实，是铺地的上等材料。北京皇家建筑即采用苏州的方砖，又称金砖，是指定的御用材料。皇室建筑的金砖地面除经水磨以外，还需刷制数道桐油，使其更加漆黑明亮，有石材的感觉，当然，一般百姓无须如此豪奢（图 4–80）。寺庙的广庭因香客众多，地面以耐磨为主，多用石板铺地，所用条状石板规格不一，但以平坦为则（图 4–81、图 4–82）。在江南地区的里巷弄堂中，也以石板铺装地面，并在石板下安装暗渠，可及时排除巷内雨水，以利行走。乱石铺地多用于山林野趣、路径迂回之处，与环境相互配合，营造古朴天然的粗犷氛围（图 4–83）。使用最多的是条砖铺地，《园冶》中称为诸砖地，“诸砖砌地，屋内，或磨，扁铺；庭下，宜仄砌。方胜、叠胜、步步胜者，古之常套也。今之人字、席纹、斗纹，量砖之长短合宜可也”。书中所提四式，即人字、席纹、间方、斗纹，也是

图 4–80　江苏常熟翁同龢故居思永堂铺地

图 4–81　江苏苏州西园铺地

图 4–82 浙江杭州灵隐寺石板通路图

图 4–83 浙江杭州西泠印社三老石室前铺地图

图 4−84 《园冶》诸砖地四式

今天常用的砌筑方法（图 4−84）。在江南地区园林民居中，厅堂馆榭前庭多用条砖铺砌，取其透水快捷，不会积水之优点，即古代的透水砖是也（图 4−85、图 4−86）。

（2）花街铺地

江南园林中使用最多是花街铺地。所谓花街铺地就是以砖瓦为界组成图案骨架，图案内以各色卵石、碎石、碎缸片、碎瓷片充填，形成斑斓多彩的规则铺地图形，有如织锦，故名花街。明代造园家计成在《园冶》一书中赞美称，“八角嵌方，选鹅子铺成蜀锦；层楼出步，就花梢琢拟秦台。锦线瓦条，台全石版。吟花席地，醉月铺毡”。将花街铺地形容为蜀锦秦台、席地铺毡，美轮美奂至极。所以能达到这样的艺术效果，其设计主要通过采用多种纹样及材料，包括材料的质感对比、形状的对比、色彩的色相及明暗的对比，以及各种铺装方式来取得。每种方式又有许多变化，例如在同样的图案中，其填心的材料可采用横向铺砌、竖向铺砌、旋转铺砌、对角线铺砌等多种方式，可以产生完全不同的艺术效果。花街铺地是由单元图案为基，经两方连续或四方连续组成的平面图形，其基本单元是以砖瓦为分界组成的，大致可分为三种情况，即以瓦为界、以砖为界、以砖瓦互用为界。

以瓦为界可发挥板瓦的特点，即板瓦的曲线为四分之一圆弧，用之可以组成全圆、金钱、鱼鳞、海棠、秋叶、芝花等基本图案形

图 4–85 江苏常熟古琴博物馆铺地

图 4–86 江苏常熟曾赵园铺地

式。各形搭配又可产生更多的图案，如海棠芝花式、软脚海棠式、金钱海棠式等（图 4–87）。在众多的实例中，有些设计反映出较鲜明的创意，效果很好。如扬州何园的鱼鳞纹，它是在鳞片中间隔采用瓦及石子充填，形象地表现出鱼鳞之状（图 4–88）；又如吴江同里镇退思园的海棠芝花铺地，它是以芝花作为海棠的间隔，并以白瓷片充填，色彩对比分明，小巧玲珑，为整体铺地增色不少（图 4–89）；吴江同里镇静思园的软脚海棠铺地，是以黑、黄、红三色卵石充填，并间隔错位铺设，又以白色卵石衬地，色感极为强烈，如织锦般的华贵艳丽，称为锦铺绣裹亦不为过（图 4–90）；苏州留园的扁式海棠铺地，将海棠纹压成扁长形，互相连接，前后图形错位摆布，整体效果有如层层波浪，可称为有创意的构思设计（图 4–91）。

图 4–87 以瓦为界铺地测图

图 4–88 江苏扬州何园铺地

图 4-89　江苏吴江同里镇退思园海棠芝花铺地

图 4-90　江苏吴江同里镇静思园三色卵石铺地

以砖为界的图案自由度更为广泛，由条砖可组成人字、十字、卍字、四方、四方间十字、龟背锦、套八方、长八方、冰裂纹、八角橄榄锦等直线形的几何图案（图 4-92）。以砖为界的铺地实例甚多，今试举数例说明之。如无锡寄畅园的卍字不到头的大面积铺地就很有特色，它以片砖为骨干，砌出卍字格局，背衬大面积的淡黄卵石，深浅分明，图案效果十分鲜明（图 4–93）；江阴中心公园的八方锦纹铺地，交接处为小斜四方，两者以黄黑卵石镶嵌，色彩对比简洁明快（图 4–94）；再者无锡锡惠公园的六方锦铺地，是以缸片与白石片为充填材料，而且每方缸片采用不同方向斜铺，纹理不同，每方白石片是错位铺砌，总体效果是规格划一，对比分明，而且产生跳动的感受，是十分新颖的设计（图 4–95）；又如苏州环秀山庄的三角锦铺地，每方三角内以白卵石及红缸片相间铺设，每行间相互错位，色彩对比呈 60 度角分布，不同于一般锦纹的平直纹样，开创了铺地艺术的新形式（图 4–96）。

以砖瓦互配为界的铺地形式更为多样，可以产生卍字芝花、十字海棠、冰裂梅花、套方金钱、四方灯锦、八方灯锦、葵花十字等（图 4–97）。其中十字海棠式应用最多，是园林铺地中常见的形式，可以苏州沧浪亭的铺地为代表（图 4–98）。十字海棠式有多种变化，

图 4–91　江苏苏州留园扁海棠纹铺地　图 4–92　以砖为界铺地测图

图 4–93　江苏无锡寄畅园卍字铺地

图 4–94　江苏江阴中心公园八方锦纹铺地

图 4–95　江苏无锡锡惠公园六方锦铺地

图 4–96　江苏苏州环秀山庄三角锦铺地

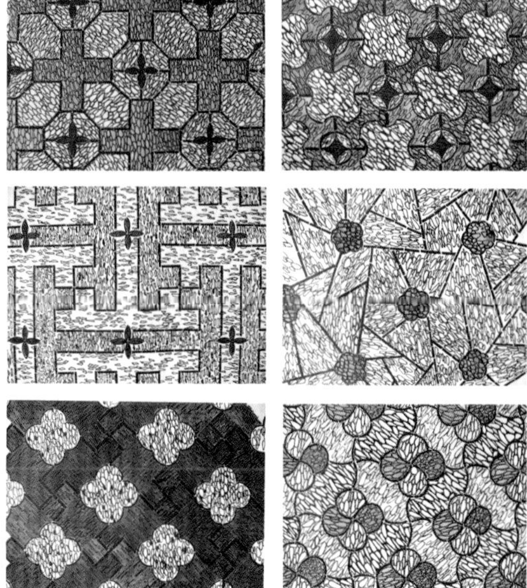
图 4–97　以砖瓦互配为界铺地测图

其充填的材料可不同，十字处可加铺金钱、芝花、斜方等小饰件，海棠形可变成扁状等，增加了图案的趣味性。另外还有多种形式，例如吴江同里镇退思园的方格锦铺地，在交接点上配以圆框芝花，铺地锦为红色缸片，而芝花为白瓷片，红地白花，鲜丽夺目，真是一幅美丽的花毯（图 4–99）；另外在退思园中尚有一处铺地是散点成图，散点是菱形与圆形相配，一圆四菱，四方相联，菱内填红缸片，背衬为海墁式的白石子铺地，显示出既有规律法则，又有自由不拘的特色，是铺地艺术的一种发展形式（图 4–100）；在江南民居中最有震撼力的是无锡薛福成故居大天井的铺地。故居中轴的第五进及第六进住房为二层十一间的后楼，两楼之间有厢楼相连，形成一长方形的围楼，楼上有廊回转，俗称转盘楼，又称跑马楼。这座长十一间阔三间的跑马楼，是江南地区民居中最大的一例。楼中间的天井铺地亦十分精彩，这块近 40 米长的庭院中间设黄石板甬道二条，将庭院划分为三块。每块皆以方格划分为九列，成为方格锦，每格

图 4–98　江苏苏州沧浪亭海棠“十”字铺地

图 4–99　江苏吴江同里镇退思园方格锦饰芝花铺地

图 4–100　江苏吴江同里镇退思园散点菱形铺地

图 4-101 江苏无锡薛福成故居天井铺地

内铺砌肥大的柿蒂花，以黑黄卵石充填。中央一块铺地为黄地黑花，东西两块铺地为黑地黄花，相互区别，又有统一风格。三块铺地中央另设一幅图案，其上可以摆设盆花、鱼缸，增加铺地的个性（图4-101）。这个实例亦是江南民居中最大最豪华的铺地，堪称孤例。

材料组合式铺地，即是以不同质感的材料块相互组合，不以砖瓦为界的一种铺地方式。这种铺地图案效果的形成，完全依靠材料的质感与颜色差别来表现。有些铺地用单一材料，各一单元块可以用不同砌法与排列，同样取得图案效果（图 4-102）。最常用的是砖与石的材料，可试举两例。一为无锡寄畅园的砖与石材的方块组合；一为无锡锡惠公园的砖与石板的 T 字块的组合，砖石这二种材料在雨后或潮湿的状态下，色与质皆为鲜明的变化，砖色益蓝，石色益白，清醇典雅，书卷之气更加凸显（图 4-103、图 4-104）。

（3）整形铺地

整形铺地出现得较晚，近代更得到很大的发展。整形铺地就是各种材料堆叠砌筑出复杂的组合图案或动植物形象图案，多安置在庭院铺地的中心部分，或门口的通路上，以增加游人对地面的注意与欣赏。这种图案往往带有一定的含义，表达出主人的意趣与追求，更多的是期望平安幸福，家庭吉祥，故又称吉祥图案等。

古代社会的百姓吉祥观可以概括为三个字，即福、禄、寿。“福”

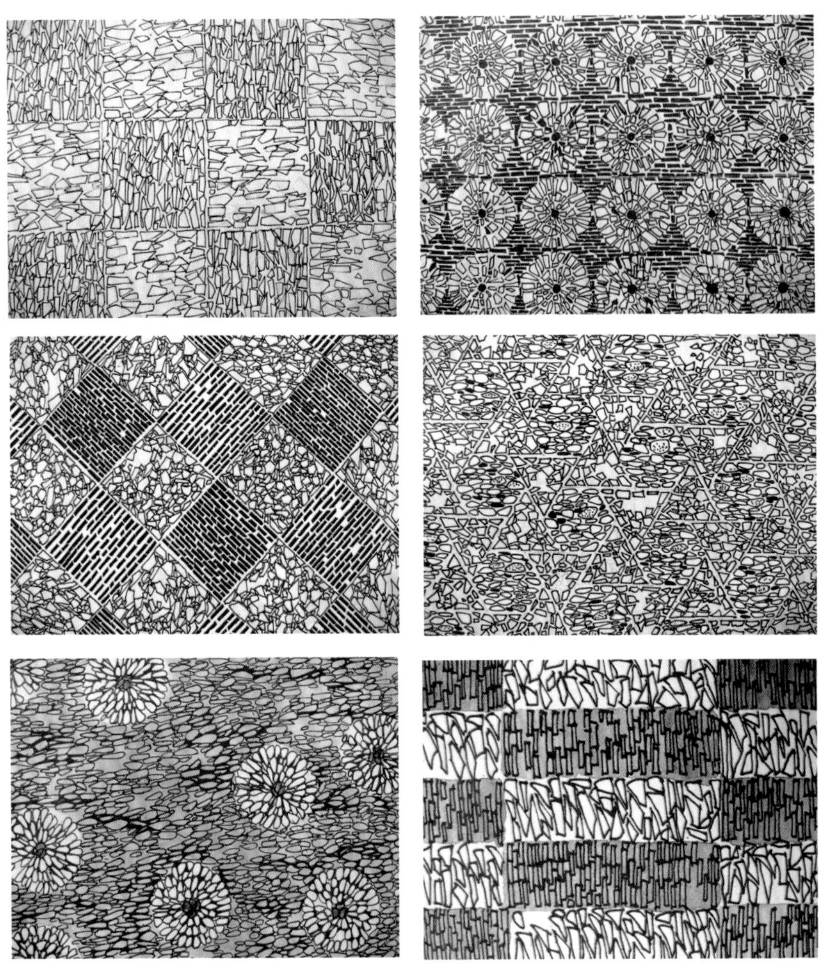

图 4-102　材料组合式铺地测图

图 4-103　江苏无锡寄畅园砖石方格铺地

图 4-104　江苏无锡锡惠公园丁字块铺地

的含义包括家宅平安、家庭和睦、父慈子孝、多子多孙等；“禄”的含义包括官运顺畅、功名有成、财源茂盛、事业兴隆等；“寿”的含义包括身体健康、生活有趣、精力充沛、延年益寿等。百姓心目中还有一个“喜”字，凡是在福禄寿方面取得一定成绩，皆使人欢喜。如喜得贵子、喜获升迁、乔迁之喜、婚嫁之喜、寿诞之喜等。同时在福禄寿的基础上，还派生出其他认为是祥瑞之兆的事项，如儒家学者认为忠孝仁义是做人的准则，文人雅士认为高洁不染是崇高的品德，宗教信士认为佛教八宝、道教法器也为圣洁之物，可为百姓带来吉祥运命。以上这些都是吉祥图案母题选择的范围，可谓十分广泛。

由于中国传统文化的历史性及多样性，又加上中国文字的一音多字多意的特点，使吉祥图案产生了不同的表达方式，基本上采用了直描、象征、音借、组配的四种方法来表现吉祥含义。直描就是直接把吉祥事物描画出来，如佛教八宝（法轮、法螺、宝伞、白盖、莲花、宝瓶、金鱼、盘长）、四艺（琴、棋、书、画）。象征就是在社会文化长期积淀形成的，对某些物体的意向解释，如龙代表帝王，松树代表长寿，荷花代表高洁，石榴代表多子等。音借就是借助动植物及器物的音韵，以示吉祥幸福之意，是中国传统汉字同音异字的特点在装饰图案中的应用，如羊（吉祥）、蝙蝠（福）、喜鹊（喜）、瓶（平安）等。组配即是将上述三种方法并用，组合成一种图案，表示出一句吉祥话语。这种寓意图案是中国所特有的，是从民间通行的谚语基础上发展出来的。如群仙捧寿（仙鹤及寿桃）、金玉富贵（金鱼、牡丹）、平升三级（瓶中插三枝画戟）、福寿眼前（蝠、寿桃、方眼金钱）等。

铺地中的吉祥图案虽然不能像绘画和雕刻那样逼真写实，但通过简化与模拟，同样可表现出主题构思。部分整形铺地是以单个图形出现，如团寿、仙鹤、团花、如意等有吉祥含义的图案（图 4−105 ~ 图 4−107）。

但大部分整形铺地是谚语式的组合图案。如苏州网师园的“松鹤延年”铺地，是在圆形构图中央砌出仙鹤与松树的造型，并且在圆图外圈围以五个蝙蝠，以五福助之，使图案内涵更加丰富（图 4−108）。苏州狮子林的“五福捧寿”，是中央为团形寿字，四周五个蝙蝠围之，是该构思的典型构图，也是园林中常用的主题

图 4-105　江苏苏州留园铺地（仙鹤）

图 4-106　江苏扬州何园铺地（如意）

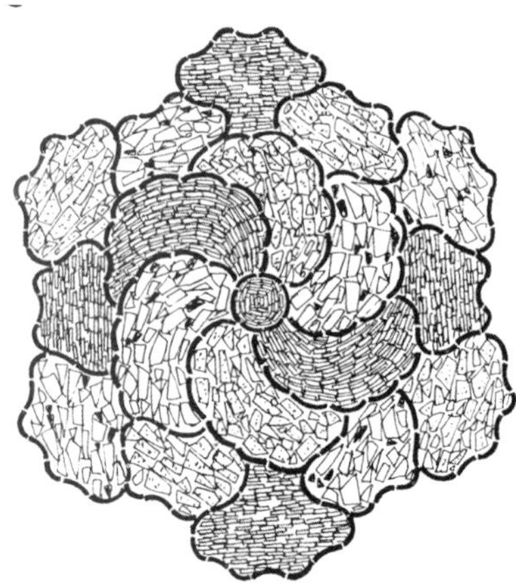

图 4-107　江苏苏州寒山寺铺地测图（风旋牡丹）

图案（图 4-109）。无锡蠡园的“双凤牡丹”，是以双凤为主题，围绕牡丹花飞舞，计有三枝盛开的牡丹花，还有两枝待开的牡丹花蕾，全部构图采用左右对称式，但仍觉得动态十足（图 4-110）。苏州留园的“莲荷生香”铺地，下为一段莲藕，生出两枝荷叶，两枝荷花，一枝花蕾，构图简单明了，但含义全都表达了（图 4-111）。

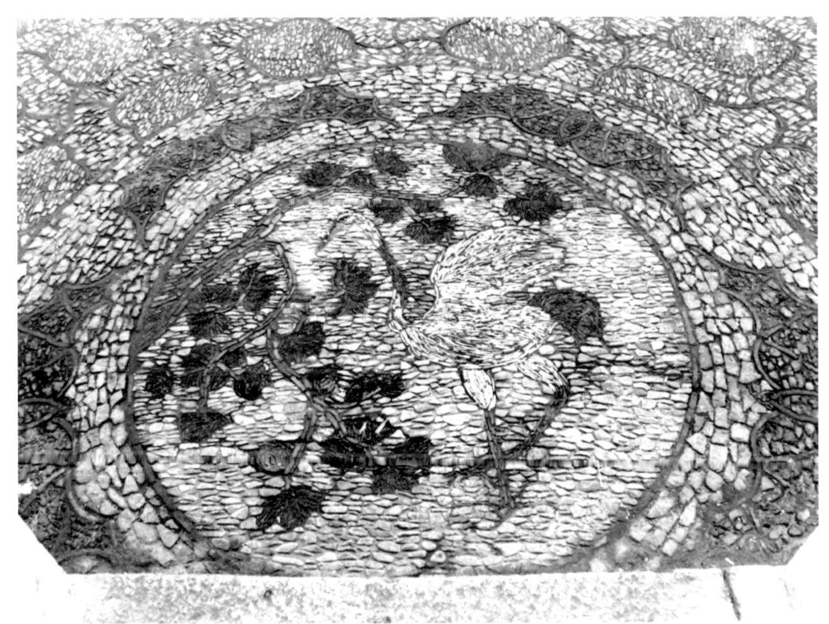

图 4-108　江苏苏州网师园铺地（松鹤延年）

图 4-109　江苏苏州狮子林铺地（五福捧寿）

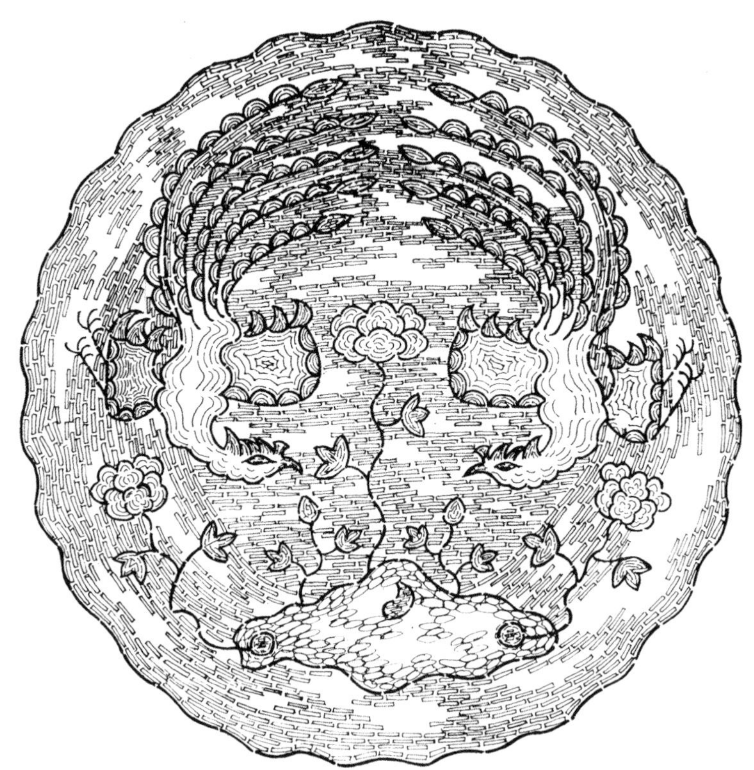

图 4-110　江苏无锡蠡园铺地测图（双凤牡丹）

图 4-111　江苏苏州留园铺地（莲荷生香）

## 4. 铺地与环境

铺地图案的选择多数是从图案的美观及新颖角度考虑，但有的铺地是兼顾环境的协调与变化的角度确定的。环境因素要考虑周围建筑形制及建筑装修样式、墙体的颜色及空窗地穴的设置、建筑空间的转化等的状况，从而采用合宜的铺地图案。如苏州拙政园枇杷园的铺地为冰裂纹，则是呼应园中玲珑馆建筑外檐装修的冰裂纹窗格而选用的。其冰裂铺地中又点缀黄色卵石的圆饼，是为了强调园中植物的枇杷形态而采用的，说明铺地图案在环境构成中的作用（图 4−112）。又如上海豫园的小院铺地用八方锦间小方格图式，即是配合厅堂外檐装修的窗格图式（图 4−113）。苏州拙政园海棠春坞前院铺地采用四瓣海棠纹，也是与建筑画意相配合之举（图 4−114）。

图 4−112 江苏苏州拙政园枇杷园铺地

图 4–113　上海豫园某庭院铺地

图 4–114　江苏苏州拙政园海棠春坞铺地

苏州狮子林指柏轩前院铺地为海棠锦纹，与东侧墙题名“探幽”的海棠形地穴完全一致，相互配合，相得益彰，这也是环境协调的重要手段，建筑、墙体、地面三者互相配合，以便取得更完美的艺术效果（图 4-115）。

图 4-115　江苏苏州狮子林探幽门前铺地

环境效果不仅是形制相似意图，有情况需要以对比的手法予以强化。例如江苏如皋水绘园的小院，院中以湖石组合为视觉重点，而庭院铺地为方格锦纹，朴素无华。湖石与方格铺地之间，形成自由与规则、复杂与简单的对比，取得很好的效果，是构图学的一项基本原理，在这里得到很好的体现（图 4−116）。

加强不同空间的差异性，可以增进视觉的感受，亦是构图中须掌握的手法，特别是在建筑空间差别不大的情况下，尤须在铺地形制中予以强调。江南地区的大宅中轴由数进建筑组成，每进建筑类型相似，屋前小院铺地则各有不同，以此表现出空间的变化，层层递进，各有特色。这方面可以举苏州大宅为例，说明铺地形制变化对空间环境的影响（图 4−117）。

图 4−116　江苏如皋水绘园铺地

综观江南园林的铺地形式，有的朴实无华，有的花团锦簇，有的妙趣横生，有的环境协调，所产生的园林景观令人赏心悦目，留连赞叹。但这些精美的装饰却是用廉价的材料或者废弃之物制作而成，断瓦、碎砖、缸片、弃瓷及普通的卵石、碎石，经过精心设计和铺装而获得的艺术成果，是废物利用和低材高用的典范。正如《园冶》作者计成所述，“废瓦片也有行时，当湖石削铺，波纹汹涌；破方砖可留大用，绕梅花磨斗，冰裂纷纭”。就是说瓦片铺砌得法，在湖石下方可取得水波荡漾的感觉，方砖围绕梅花砌成冰裂纹，增加冬梅绽放的图景表现，这是对铺地艺术中废物利用的生动写照。

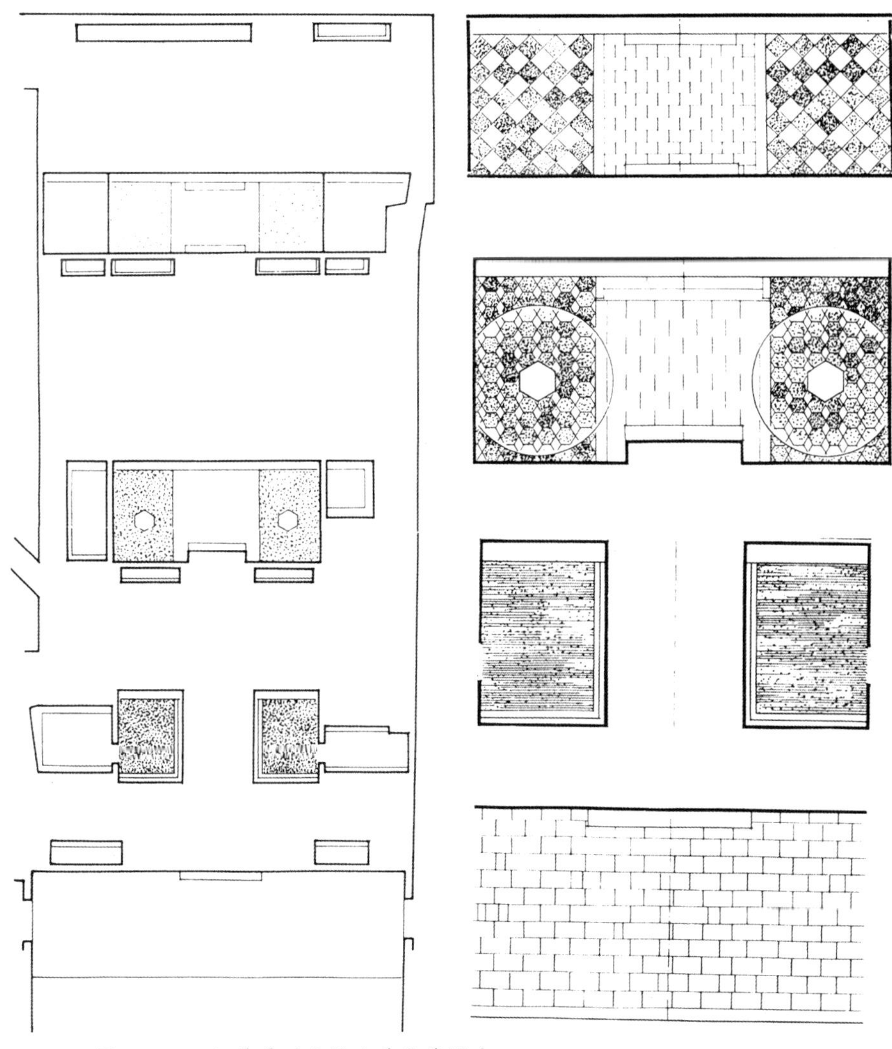

图 4–117　江苏苏州民居几进院落铺地

# 第五章
# 建筑装饰

建筑装饰是在建筑构件上或构件以外的部分，采取的一些美学修饰手段，以增进建筑美观效果，提高观赏价值的一种艺术处理方式。其制作方法有雕刻、构造、塑制、绘饰、贴络、金饰等，皆是古往今来普遍采用的方法。建筑装饰的美学加工，离不开建筑构件本身，必须适形而作，妙在天成，与构件成为一件统一的造型。因此在装饰加工过程中，必须用简化、概括、变形、夸张等手法，以适合装饰件的体型，这个特点与一般的美术艺术品有所不同。汉代张衡的《西京赋》中描述宫殿建筑称“雕楹玉碣”“镂槛文砒”，说明当时的建筑已有雕刻的梁柱、柱础、栏杆及绘制的檐头等，即木雕、石雕、彩绘已大量应用，说明建筑装饰的历史渊源。

从江南地区民居园林的实例来看，其装饰手段主要为雕刻、塑造及彩绘，贴络及金饰仅有个别的实例，并不普遍。

## 一、建筑雕刻

受古代建筑使用的建筑材料的限制，雕刻技艺主要应用在砖、木、石三种材料上。在表现形式及选用题材上，三种雕刻技艺有许多共同之处。但因材料质地的不同和使用部位的不同，在技巧手法上会有差别，各具特色。从一些保留的历代作品中，可以看出民间匠师的精湛技艺，并可反映出民族风格、文化素养、道德观念和审美情趣。江南地区的南京、扬州、无锡、苏州、杭州、宁波等地皆是三雕云集之地，这些地区经济勃兴，文化发达，人文荟萃，为建筑雕刻艺术的发展提供了丰厚的经济基础及文化营养。在封建社会，建筑形制及装修受到礼制的种种限制，不能逾越，而雕刻制作并不在限制范围，这个原因也促进了三雕艺术的应用与发展。

特别是明清两代是雕刻技艺的黄金时代，技艺精湛，形式活泼，尤其在题材方面非常广泛，涉及社会生活的各个方面。从现存的作品中大致可分为七类，即人物类、禽兽类、植物花卉类、器物类、锦纹类、文字图案类及宗教内容类。有时还将这些题材混合搭配，形成约定俗成的吉祥图案，更是具有中国特色的雕刻创作。

人物类多取材于神话故事、民间传说、戏曲人物等。如蟠桃盛会、麻姑献寿、木兰从军、渔樵耕读、杂技表演、水浒传人物、三国人物、西厢记、白蛇传、舞龙灯会、二十四孝、郭子仪庆寿等。这些题材的故事性较强，很受一般百姓的欢迎。

祥禽瑞兽类包括有龙凤、狮子、鹿、鹤、喜鹊、蝙蝠、松鼠、鲤鱼等，这些动物由于含义及谐音的原因，皆被赋予吉祥含义，构成福禄寿喜的美好祝愿。这些题材组合在一起可以构成二龙戏珠、丹凤朝阳、狮子滚绣球、鹤鹿同春、五福捧寿、喜鹊登梅、松鼠葡萄等美好的喜庆成语。

植物花卉类中，常用的有松、竹、梅三种植物，称为“岁寒三友”，梅、兰、竹、菊称为“四君子”，枇杷、海棠、金橘为吉祥果，佛手（多福）、桃（多寿）、石榴（多子），喻为“三多”，牡丹代表富贵，荷花代表高洁等。植物题材的装饰雕刻在园林建筑中使用更为广泛，目不暇接。

器物类的题材受金石考古及文人风尚的影响，选用钟鼎彝器、八卦炉、百子瓶、果盘、琴棋书画等，构成风雅古趣的图案，以表达主人的文学爱好及志趣。

锦纹类是取材于丝绸织锦的图案，包括丁字锦、回纹锦、龟背锦、雷纹、云纹等，这些纹样可以单独使用，也可作图案的衬地或边饰使用。尤其是在砖雕中应用最多，如在回纹卍字的衬地上，再雕各种花卉禽鸟，形成复合图案，是常见的手法。

文字类多取材于经过变形的吉庆文字，团福字、团寿字、双喜字、卍字等。这些题材多与其他题材共同组成吉祥用语，如“卍”字蝙蝠组成“万福”，寿字与五个蝙蝠组成“五福捧寿”，福寿互用组成“福寿双全”等。

宗教类的题材主要是道教的八仙，有“明八仙”是指吕洞宾诸人，“暗八仙”是指八仙所用的器物（葫芦、团扇、宝剑、阴阳板、横笛、花篮、莲花、鱼鼓），“佛八宝”是指佛教中的八种宝物（法轮、法螺、宝伞、白盖、莲花、宝瓶、金鱼、盘长），此外，如灵芝、蕉叶、犀角、石磬、方胜等亦属信仰之物，在装饰题材中亦多有运用，并且变化多端，手法各异。

以上这些题材皆具有传统性、习惯性、程式化的特点，并以雅俗共赏的形式表现出来，带有中国传统文化内涵的审美趣味。

中国有漫长的雕刻历史，在雕刻技法上有着悠久的传统，据宋

《营造法式》记载，当时的木作、石作的雕刻技法分为四种，即混作、剔地起凸、压地隐起、减地平钑。混作即圆雕，是立体作品，如蹲狮、龙首等，剔地起凸是高浮雕，立体感较强，地子不太显露；压地隐起是浅浮雕，注重形体，起伏较少，地子占的比率较多；减地平钑为线刻，即在石面磨平以后，在石面线刻出图案，图案以外部分铲去。说明当时的几种雕刻技法均已成熟。今日的雕作是在传统的基础上，进一步完善技法，改进操作，丰富题材，提高难度，以期创造出更为精彩绝伦的建筑雕刻作品。

### 1. 木雕

中国古代建筑以木结构为主要结构形式，木构件众多，自然在装饰雕刻中以木雕为首选，这点与欧洲古代建筑以石材为主的结构形式不同，它们以石刻及雕像充满了建筑的内外檐，造成华美绚丽的艺术观感。中国建筑木雕的寄主有两方面，即一是以梁架为主及其构件的表面进行雕刻加工；二是内檐装修的门窗花罩等处的雕刻处理，总之是在最接近视线的部位，展现雕刻的精湛技艺，以期赋予人们以美感的享受。

江南地区民间建筑的梁架为抬梁式及插梁式，其用料又有“圆堂”及“扁作”之分。圆堂梁架的各架大梁断面为圆形用料，接近木材的原形，梁架外观显得轻巧；扁作梁架的各架大梁断面为矩形用料，并作成月梁的形式，是通过梁的两侧木料包夹拼接而成，其外观显得庄重（图 5-1）。圆堂梁架用料偏细，不宜再作雕刻，多以彩画为饰，或仅涂素油，简洁大方。扁作大梁表面多有雕饰，甚至还有彩绘，是雕刻装饰的重点。扁作梁最简单的雕饰方法，是在梁端按月梁的走势浅刻飞卷的花头，梁的上下边缘浅刻线脚，用这种方法增加月梁的柔和外观（图 5-2）。但大多数扁梁是在表面满刻图案的，题材有花草人物或历史故事等，构图是满铺，不留空隙（图 5-3）。也有的梁架雕刻分出梁心与梁端之别，梁心刻人物故事，梁端刻花草植物，区别选题，突出重点（图 5-4）。最华丽的当属雕刻加彩绘贴金的处理方式，如无锡薛福成故居正厅的梁架，大梁的两端刻凤凰欲飞，中央刻流云禽鸟的三角形包袱，并且油成红色贴金，富丽大方，凸显主人的高贵身份（图 5-5）。江南民居的屋

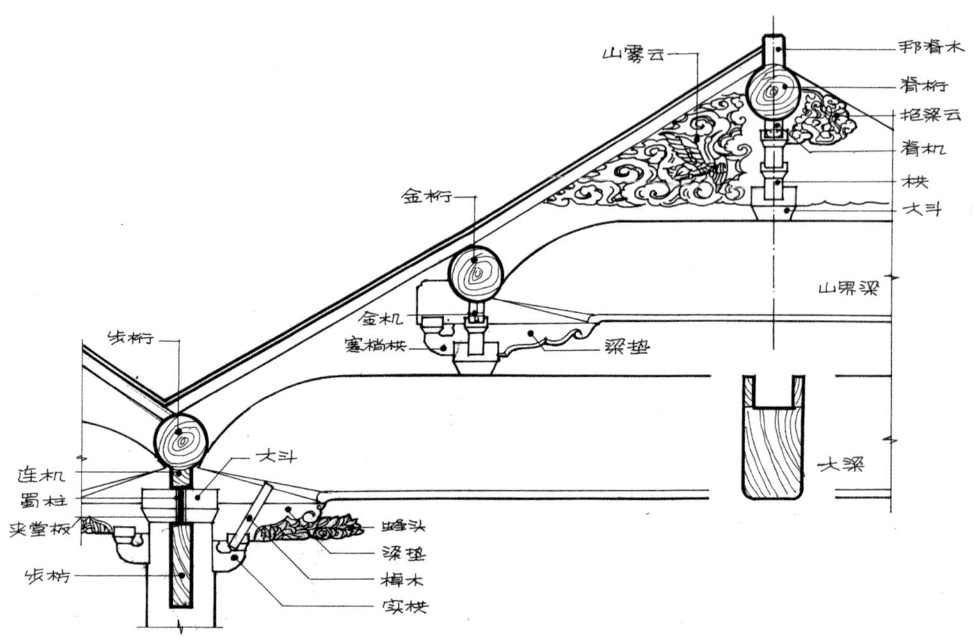


图 5–1 苏州民居扁作厅木构架细部装饰

图 5–2 江苏吴县东山叶宅正厅梁架

图 5-3　江苏无锡薛福成故居过厅梁架

图 5-4　江苏苏州狮子林大厅梁架

图 5–5 江苏无锡薛福成故居务本堂梁架

舍墙门是另一种地方的做法，墙门往往形成楼座，底层入口处设有探海梁，该梁呈月梁形，梁体微弯，两端设内卷的梁头，并加以雕刻，梁身满施雕刻花纹，是很有特色的一种形制。还有更复杂的墙门，随着入口的内凹，设计了两层大梁，下层为直梁，上层为探海月梁，皆有雕刻，更加强调出入口的重要地位（图 5–6）。梁架构件的端头也是雕刻的着意之处，如梁端底部的蜂头，童柱下的坐斗，皆是雕刻的对象，但有想象力的是构架中的垂柱，又称吊瓜柱，在轩廊或满轩厅堂的室内作出吊天花，其中童柱不落地，成为垂柱。垂柱头往往雕成莲花、花瓣、瓜形、花篮等形状，成为室内装饰的看点之一，是江南建筑常用的手法（图 5–7、图 5–8）。梁架除了本身的承重构件以外，尚有添加的装饰件，以丰富视觉效果，江南建筑中常用的有山雾云，以及在斗栱两侧横插的纱帽翅。山雾云是架在三架梁之上的装饰件，为了填补山尖部分的空隙，作成云雾缭绕的花板状，亦有天空在上之意（图 5–9）。纱帽翅是装在脊檩斗栱或

图 5-6 浙江桐乡乌镇民居入口墙门的探海梁

图 5-7 江苏苏州狮子林梁架垂柱头雕刻

图 5-8 浙江湖州南浔刘氏梯号住宅垂柱头雕刻

图 5-9　江苏常熟翁同和故居采衣堂梁架山雾云

檐檩斗栱上的花板，其来源可能是横栱的变体，没有任何结构意义，其外形类似戏剧官员的官帽的帽翅，故名。其外形有圆形或长方形，也有花叶形，比较随意。翅内图案除植物花草以外尚可加添禽鸟小兽，一般皆为透雕，以显玲珑之态（图 5-10、图 5-11）。

结构构件装饰雕刻的另一重点为撑木。江南民居承托出檐或上面楼层的构造方法不用斗栱，而用横向插梁，插梁上托大斗及替木，再上为檐檩或枋木，插梁端头支以斜木，称为撑木，以加强承托能力。撑木手法在江南地区，以及皖南、浙中、赣北等地得到广泛使用，并各具特色。撑木设在檐下，最接近人们视线，在不损伤受力的情况下，经过美学加工，形成各异的艺术形象，使结构杆件变为艺术杆件。撑木的造型可称为千姿百态，花样繁多。最简单的是回纹体系或 S 形纹样，将直竿变为回纹的曲竿，以显柔和之态（图 5-12）。更复杂的是采用动物或人物造型，如杭州胡庆余堂的撑木作成狮子滚绣球之势，并加以贴金增辉（图 5-13），狮子造型在许多建筑中多次采用，是民间建筑喜闻乐见的题材。另外道教八仙及福禄寿三

图 5-10 江苏常熟翁氏故居采衣堂梁架纱帽翅

图 5-11 江苏无锡薛福成故居正厅梁架纱帽翅

图 5−12 浙江桐乡乌镇民居撑木

图 5−13 浙江杭州胡庆余堂药店撑木

星也是通用的题材，选用的人物皆有喜庆吉祥、仙灵保佑的含义，桐乡乌镇民居这例撑木雕刻的是财神形象（图 5−14）。有的实例将直竿撑木作弯曲的抄手栱之状，加以雕刻美化，吸收了曲栱的创意（图 5−15）。还有的设计将撑木变成双层插栱，栱身增加凹凸变形，双栱之间增加许多花草人物雕饰，使檐下的造型更加华美多彩（图 5−16），这种设计已经脱离了撑木的造型，变成多层出挑的插栱构造。

表现木雕精湛技艺的莫过于室内的天然花罩。各式花罩可分为两大类，一类以回纹、卐字纹为装饰母题，是以组织棂格的技巧高低来评价花罩的艺术水平；另一类以植物、动物为装饰母题的天然罩，全部为立体透雕，活泼生动，形象逼真，是木雕技艺的高峰，是江南细木工匠的绝技。清代北京紫禁城宫殿的精品花罩，皆出于江南匠人之手，有些花罩就是在南方制作开雕，然后运至北京安装的。天然罩的雕刻技法有数处难点，一是透雕，处处临空，甚至花

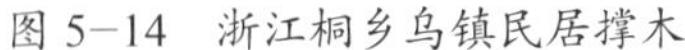

图 5–14　浙江桐乡乌镇民居撑木

图 5–15　浙江宁波林宅梁架撑木

图 5–16　浙江宁波虞洽卿故居撑木（双层）

枝花叶细小之处亦须透空；二是两面成型，罩前罩后皆成类似图案；三是叠雕，图案套叠，甚至多达三层，繁而不乱，秩序井然。能做到这三点，应该说是极品木雕作品。江南地区建筑的天然罩作品应该是很多的，但由于战乱破坏，自然损毁，致使所遗不多。但从这些遗物中仍可看出江南工匠的高超技艺（图 5–17 ~ 图 5–19）。如苏州拙政园留听阁内的“岁寒三友”花罩，以松竹梅为主题，错杂交织，中间有一对喜鹊，栩栩如生。整体布局疏朗灵活，风格润厚清逸，是为佳品之一。又如苏州耦园山水间的“松竹梅”落地花罩，古松苍劲挺拔，翠竹万竿摇空，梅蕾迎寒怒放，布局疏密有致，风格粗犷豪放，表现出另一种艺术意境。又如耦园的藤茎葫芦花罩，整体罩面以藤茎葫芦为主题，左右对称。但在其间又添加了许多新内容，如两边落地部分为如意纹饰及山石。花罩全体外缘又划分为九段双曲纹，并互相套叠，勾连在一起。藤茎之间还添加了牡丹花朵，整形中又有变化，使整体花罩更加丰富多彩。其他如民居中的王洗马巷万宅、苏州寒山寺、拙政园等处皆存在不同形式的天然罩，其测图将在下册图录中展示。

建筑装修中另一个木雕装饰重点即是室外长窗及室内槅扇的裙板与夹堂板（绦环板）。题材方面却十分广泛，有花卉、植物、建

图 5-17 江苏苏州留园林泉耆硕之馆圆光花罩

图 5-18 江苏无锡薛福成故居务本堂乱纹花罩

图 5-19 江苏如皋水绘园从竹花罩细部

筑、风景、故事、八仙、博古、云纹、如意纹、夔纹等，不胜枚举。但其中以花卉居多，为加强整体构图的一致性，以花瓶插裙板并在花草图案四周加边创花或花篮摆花为主要表现形式。因为板材较薄，所以只能是浅雕，具有版画的特色（图5–20、图5–21）。复杂的裙板雕刻可以雕成故事画，具有人物、建筑及山水等组合图案，如苏州三元坊席宅的木雕，内容可能是八仙故事，但方寸之间表现的内容过多，显得杂乱臃肿，效果折减（图5–22）。有的裙板为了加强整体长窗的一致性，而在花草图案四周加刻边饰，边饰可繁可简，从如意纹至复杂的拐子纹皆可采用（图5–23）。有的室内槅扇夹堂板或托脚部分采用透雕，显得更为轻巧宜人，但这些槅扇一般皆为硬木材质，才适合复杂的透雕（图5–24）。长窗与室内槅扇多为成樘设置，每樘四扇或六扇，其裙板木雕可以是同一图案，取得统一的效果，也可每扇不同，但图案近似，即在统一中求变化。如无锡顾毓琇故居的六扇长窗，图案皆为花卉，但构图相似，细看才显差别（图5–25）。又如上海天灯弄77号郭宅的长窗裙板刻出春夏秋冬四季景色，四周饰以“丁”字回纹边饰，图案采用剔地起凸的雕刻方式，剔地较深，立体感较强，将远中近景分层罗列，景色浓缩在一起，构图大同小异，也是采用统一中求变化的手法（图5–26）。

图5–20　江苏无锡薛福成故居槅扇裙板木雕

图 5-21　浙江宁波秦氏支祠隔扇裙板木雕

图 5-22　江苏苏州三元坊席宅内檐槅扇裙板木雕

图 5-23　江苏无锡顾毓琇故居裙板木雕

图 5-24　江苏苏州拙政园留听阁内檐槅扇裙板木雕

图 5–25　江苏无锡顾毓琇故居六扇长窗木雕

图 5–26　上海天灯弄 77 号郭宅长窗裙板四季景木雕

此外，上海豫园三穗堂长窗雕刻亦有创意，裙板上分别雕有麦穗、谷穗、玉米穗，与建筑物三穗堂的含义相互呼应，反映出建筑装饰手法在强化建筑艺术表现力方面的作用（图 5–27）。

个别的长窗改变性质，变为纯装饰性的构件，槅扇心全以木雕制品代替，成为艺术欣赏的物件。如上海豫园的六扇雕刻长窗，布满牡丹、茶花、栀子花、玉兰花。花间穿插凤凰、喜鹊、鸳鸯、鹈鹕等珍禽，条幅构图相似，疏密得宜，室"刻暲背衬褐色十字锦纹的通体格网，雕刻花鸟全部贴金，金光闪耀，极为华贵（图 5–28）"。有的实例是在网格的背衬下，内部以贴金雕刻小饰件充填，显示得洁纯可爱，是简单中求华美的成熟手法（图 5–29）。室内使用线刻

图 5–27　上海豫园三穗堂长窗裙板木雕

的手法甚少，因为室内光线昏暗，没有体积感的细线很难显出视觉效果。唯有一种情况可以发挥线刻的作用，即是在厅堂内屏门上线刻园林全图，并填以颜料，增强线感，表现出整体气概。还有的园林建筑的线刻作了部分填金，益觉辉煌，这是线刻在建筑装饰上的妙用（图 5−30、图 5−31）。

图 5−28　上海豫园木雕长窗

图 5−29　浙江宁波秦氏支祠木雕长窗

图 5−30　江苏苏州狮子林屏门木刻园景线图

图 5-31　江苏苏州怡园 屏门线刻

## 2. 砖雕

在历史上砖雕制作出现得较晚，大约在宋代时期，此时中原地区的墓葬中出现模仿建筑格子门的砖雕制品，杭州宋代六和塔内檐须弥座上刻有花卉主题的砖雕，辽代密檐塔的塔身上亦有佛像雕刻，但这些制品大都比较粗放，属于初创阶段。降至明代，此时的制砖业有了很大的发展，并且出现了优质的砖材，为雕刻提供了物质基础，促使砖雕装饰大盛，清代更走向复杂多变的创意，故明清两代是砖雕行业的黄金时代。雕砖技艺源于木雕，许多砖雕师傅原为细木工匠，并且雕砖用的工具与细木工的工具完全相同，可以证明砖雕的渊源。例如民国初年苏州荣称“雕花赵”的砖雕大师赵子康、赵凤云父子，除了精通竹、木、牙、石雕刻之外，亦是砖雕高手。明清两代砖雕在全国各地涌现，产生了明显的地域风格，著名的有苏州砖雕、徽州砖雕、北京砖雕、山西砖雕、河州砖雕、广府砖雕等，各地砖雕应用于建筑的部位不同，形制不同，各领风骚。

江南地区砖雕以苏州为中心，其勃兴是基于地方经济的发展，财力雄厚，同时也得益于当地出产高质量的金砖（陆墓出产的金砖），以及工艺技巧精良的细木工及微雕技艺的传承。江南砖雕使用部位，多在寺庙会馆墙壁、园林中的漏窗、栏杆、民居的墀头、照壁、砖塔的壁面等处。但大量的砖雕是用于大型民居内院的石库门上，目前存量也是最多的实例，可称为苏州砖雕的代表。

石库门是大型住宅必须建造的，每套住宅会建三四座。原始功能是为了防火，与内院高耸的防火墙共同保证了厅堂的安全。石库门全部用砖，甚至木门板的外皮也钉以方砖贴面。一门洞上的门罩原来比较简单，仅为一出挑的披檐。明中叶开始变为一个较复杂的垂花门罩形式，从墙上出挑两根垂柱，柱间横搭两根枋木，称为上下枋，枋间为“字牌”及“兜肚”（实为原来花板的变体），枋上为斗栱及瓦顶。石库门的雕刻大量出现在上下枋及兜肚上，后期的栏杆、挂落、垂柱、斗栱也进行雕刻。中间的字牌雕以文字，书写主人的道德理想、治家箴言，如“竹苞松茂”“修礼以耕”“藻耀高翔”等警句。字碑两边的兜肚上多雕有小幅的松石动物等，后期还加入人物（图 5-32、图 5-33）。最烦琐的砖雕是上下两枋雕刻，从枋上雕刻可以看出时代的审美变化。早期明代的雕刻比较简练浑

图 5-32　江苏苏州网师园石库门砖雕

图 5-33 江苏常熟彩衣堂石库门

厚，表现的立体感较强，一般皆为深浮雕，部分尚有透雕。常见的题材有云鹤纹、缠枝花卉、双狮戏球、鲤鱼跳龙门等。布局疏朗，刀法圆润，形象突出，比较注重题材内涵的表达（图 5-34、图 5-35）。个别砖枋尚有搭在枋上的三角形包袱锦纹，两端为卷草藻头，与当时建筑梁枋彩画的形制很相似，证明石库门是由木构门罩演变而来（图 5-36）。清代早期康熙年间的石库门砖雕尚存在包袱锦题材的砖雕实例（图 5-37）。但乾隆以后，雕制渐趋繁杂，题材方面以故事戏曲、人物图案成为时尚，如“郭子仪拜寿”“文王访贤”“八仙过海”“三国演义”等通俗乐见的画面。雕刻形象有人物、动物、树石、楼阁等多样品类，形成组合式的图案。此时雕刻多为半浮雕，局部透雕，甚至栱眼壁皆是透雕的锦纹图案。此时期砖雕，层次明晰，雕工精细，玲珑剔透，具有较高的艺术水平，但也失之过于繁杂，整体观感减弱，沦为大户业主炫财斗富的工具（图 5-38、图 5-39）。咸丰以后，国势微弱，石库门上的雕刻渐少，在素平的上、下枋上仅有少量的装饰纹样，已不见前世的辉煌（图 5-40、图 5-41）。

墀头亦是砖雕手法广为应用的部位之一。墀头又称垛头，是硬山建筑山墙在前檐的收头，如墙身因为需与出檐相配合，所以墙顶需向外斜挑，并加以雕饰。墀头的做法各地不同，表现出地方风格。

图 5-34　江苏苏州黎里镇柳亚子故居石库门砖雕 [ 明代 ]

图 5-35　江苏吴县东山杨湾明善堂砖门楼 [ 明代 ]

图 5-36　江苏吴江同里镇崇本堂后厅石库门楼砖雕 [ 明代 ]

图 5-37　江苏 苏州拙政园石库门砖雕 [ 康熙六十年 1721 年 ]

图 5-38　江苏苏州木渎镇乾隆行宫石库门细部砖雕

图 5-39　江苏苏州东山春在楼石库门砖雕

图 5-40　江苏苏州东山某宅石库门翎

图 5-41　江苏苏州网师园石库门砖雕

如北京地区墀头分为枭混砖、两层盘头砖，再上为斜挑的戗檐砖，雕饰主要集中在戗檐砖上。江南地区的垛头另有做法，亦分为三部分。下为起线，雕作混线或束线；中部为方形的兜肚，平面或磨平，或于中央隆起半寸，四周及中央刻起线，中央施以花卉动物图案雕刻，两圈起线之间雕刻百结、套钱、插角等饰件，是垛头雕饰的重点；上部为三层挑出的飞砖，按形式有三飞砖、壶细口、书卷、朝式、纹头等，以纹头最为富丽，此种垛头为江南一般民居常用的做法（图 5–42、图 5–43）。但富贵之家往往更加繁华，不但增加层次，而且饰以人物、花卉，花样翻新，成为显示雕工技艺的对象。如扬州吴道台府的垛头增加为两层兜肚，并施以花卉雕饰，中间起线雕出金钱如意莲瓣等复杂的图式（图 5–44）。宁波秦氏支祠的垛

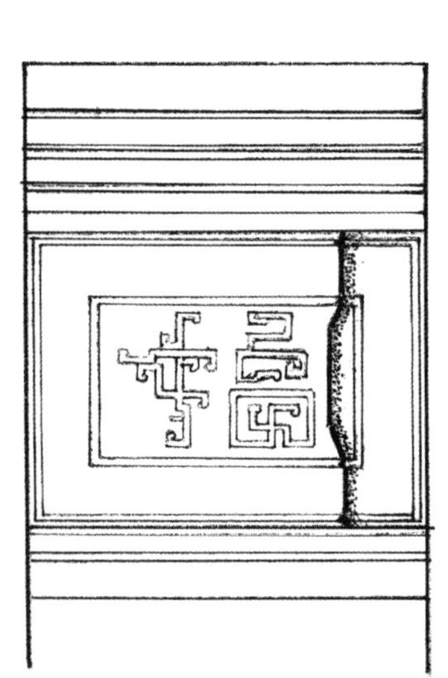
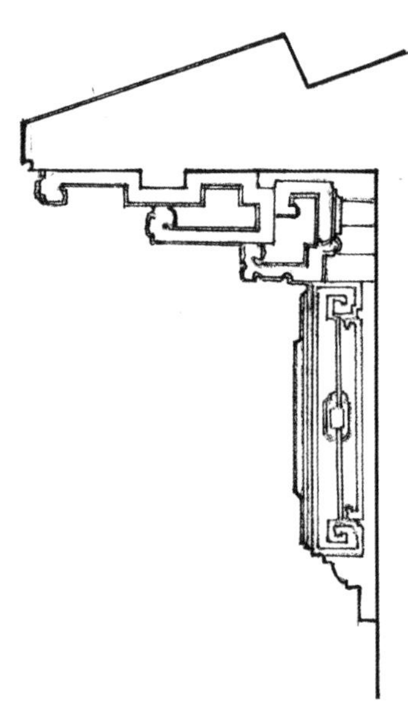

图 5–42　江南建筑墀头纹头式大样图

图 5–43　江苏无锡钱钟书故居墀头

图 5–44　浙江宁波秦氏支祠墀头砖雕

头不仅有双层兜肚，兜肚中间有七层花式起线，而且在兜肚下方增加了垂花，可称最复杂的垛头（图 5–45）。不仅如此，有些大宅垛头的看面雕饰增繁，而且侧面也增加了贴雕，成为锦装素裹的砖雕总汇。如宁波安庆会馆垛头侧面雕刻了四层人物故事图案(图5–46)。又如宁波秦氏支祠垛头侧面雕刻了垂柱、栏杆、书卷、圆光四种构图的题材雕刻，完全与构造无关，成为雕工展示及财富的炫耀（图 5–47）。宁波秦氏宗祠的墀头侧面采用了另一手法，即是沿墀头边缘，雕出云龙吐水的图案，自下而上，层层烟云缭绕，最上显出龙身、龙头，形成边徐式的统一构图，颇费匠心（图 5–48）。湖州南浔刘氏梯号住宅的山墙与院墙联为一体，显不出墀头的看面，为了强调山墙的收尾，则沿边贴木构外缘雕出曲折的砖雕花板，有牡丹、茶花、葡萄等品种，暗示出山墙的墀头部位，此例较为特殊（图 5–49）。

江南建筑砖雕尚有几处常用部位。墙门砖雕是显示家宅显赫的重要标志，多盛行于扬州、南京一带，墙门外部全为清水砖作，门边缘起磨砖线脚，门框上角有回纹岔角，门口上方有一至二道横枋，

图 5–45　江苏扬州吴道台府墀头砖雕

图 5–46　浙江宁波安庆会馆墀头砖雕

图 5-47 浙江宁波秦氏支祠墀头砖雕

图 5-48 浙江宁波秦氏宗祠封火山墙墀头砖雕

图 5-49 浙江湖州南浔刘氏梯号住宅墀头砖雕

枋上分为若干小池子，内雕各式人物、花卉，再为清水磨砖墙面，呈六方锦或八方套四方，四角有岔角花饰，这样的墙门雕饰用工，不亚于石库门砖雕（图5-50）。另一处清水砖作为洞门、空窗的边框，多为线条雕作，用砖刨加，雕作较易。用于室内的墙门称为门景，全部清水，不仅门框及墙缘皆起线，而多有砖刻门榜，题有风雅明志的文字，门景是砖雕用于室内的重要部位，也是江南民居园林建筑的重要特色（图 5-51、图 5-52）。另外扬州地区习惯在入口照

图 5-50　江苏扬州东关街某宅墙门清水砖雕

图 5-51　江苏无锡薛福成故居室内门景清水砖作

图 5-52　江苏无锡钱钟书故居门景砖雕

墙上设一土地龛，是模仿建筑的砖雕制品，雕工极为精细，梁枋斗栱、门窗户壁，一丝不苟，细到门窗花棂亦准确雕出，可称为扬州民居的独特之处（图 5–53）。

图 5–53　江苏扬州逸圃入口土地龛

### 3. 石雕

建筑上应用石雕的部位有多处，如门楣、柱础、栏杆、抱鼓石、台阶、石漏窗、石影壁、石花台、石牌坊等，甚至有全部用石材的佛塔和完全是艺术品的石座狮。虽然石雕在建筑上是小件饰品，但在建筑的外观造型中是不可或缺的。石雕的形式虽多，但在各类建筑中各有采用的重点，如宫殿中的石栏杆、陛石，寺庙会馆的石柱础，陵墓中的石象生，石牌坊的梁枋雕刻，石窟中的佛造像，皆有丰富的实例及艺术成就。但就民居园林建筑来考察，石柱础比较简略，虽然各有变化，但差别不明显，没有过多的雕饰，以简朴为时尚（图 5−54）。石栏杆在园林偶有运用，实例不多。石漏窗仅在个别地区采用，如宁波地区。而值得重点关注的是豪门大户宅门前的抱鼓石，各式抱鼓石可称为江南民居的重要特色。

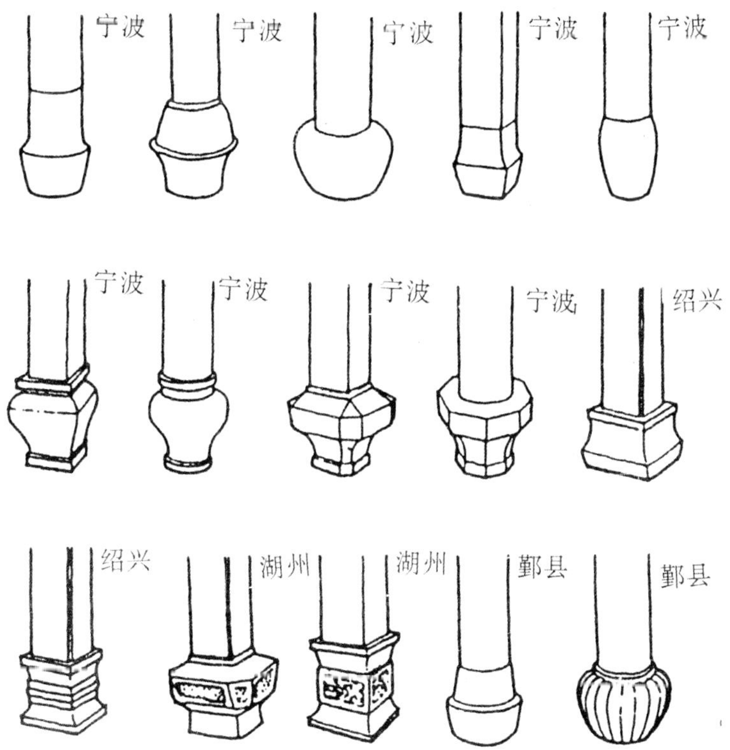


图 5−54 江南民居柱础举例

抱鼓石实为门框下部的门枕石的一部分，门内为门臼，以承门扇，门外部分做成各种形态，以示显贵，其形多为扁鼓形状，下部托以长方形的鼓座，鼓座之上为云形托石，承托上面的石鼓，故称之为抱鼓。为什么用抱鼓形式，是否受府衙门前用鼓的启发，已不可知。苏州称抱鼓石为砷石，按香山工匠的划分，砷石分为四种，即挨狮砷、纹头砷、书包砷、葵花砷。挨狮砷没有采用鼓形，而替以圆雕的蹲狮，蹲伏在鼓座上，狮子选型是类似南方形式，头小身长，状态活泼，这种造型可能是从官衙府第门前的蹲狮借鉴而来。民居入口布置挨狮砷的实例较少（图 5–55）。书包砷也没有采用鼓形，而用立体长方形的石礅代替，四面刻有花纹，故以书包名之，此式在北京亦有多处存在，可能是门枕石的原始形态（图 5–56）。纹头砷估计为在书包砷的基础上，以各种回纹的造型变化出的门墩石，亦不是鼓形，但实例不多。最常用的是葵花砷，上部为圆鼓形，两侧面有圆形边饰，内为六片呈旋转形的葵叶，中心为一花蕾，为较深的浮雕，这是标准的式样。但近代以来的抱鼓多不采用葵叶式，而改用狮子滚绣球式样，一般为三只狮子一个绣球，也有三狮三球的。狮子滚绣球的应用范围更广泛，变化更多，甚至北方的抱鼓石也采用这种题材（图 5–57、图 5–58）。

图 5–55　江苏苏州马医科巷申時行祠挨狮砷

图 5–56　江苏扬州汪氏小苑门枕石书包砷

图 5-57 浙江湖州南浔小莲庄嘉业堂抱鼓石

图 5-58 江苏苏州网师园抱鼓石

除了这四种抱鼓形式之外，变体形式仍有许多。如抱鼓图案为平雕的缠枝花叶，或抱鼓两面各雕一种图案。有的不作鼓形，使葵叶外翻，六角回转，成为六角形的抱鼓（图 5-59、图 5-60）。有的不作雕刻，成为较窄薄的素面抱鼓，但是高度提高至一米五，近于人高，气势煊赫（图 5-61）。有的将抱鼓改为一个大花瓶，完全失去抱鼓原始形态（图 5-62）。也说明艺术与其他社会现象一样，须不断更新转换，除旧布新，才有生命力。

图 5-59 江苏常熟方塔园抱鼓石

图 5-60 江苏扬州仙鹤寺门枕石

图 5-61　江苏扬州吴道台府抱鼓石

图 5-62　江苏无锡薛福成故居抱鼓石

## 二、灰塑

灰塑应该是起源于泥塑，寺庙和石窟中的佛像大部是泥塑作品，故泥塑的历史十分悠久，当用于室外时，为了防雨则改为灰塑。辽代许多密檐塔上的佛像，就在砖砌的像胎上以灰塑方法塑出面相及冠带等细部。灰塑的盛行应在明清时代，灰塑虽不如砖刻耐久，但在塑造细节、表达人物方面比砖刻方便而纤细入微，同时造价也较节省，是民间建筑常用的装饰手段。灰塑所用材料十分普通，即白灰加细的砖粉，随地方材料的供应情况可加入青灰或蛤粉，为了加强坚固性，还可加入糯米浆、红糖水，以及细麻丝等。灰塑作品为了成型必须有胎体，砖胎、木胎、铁线胎皆可应用，木胎、铁线胎尚须裹以草绳、麻刀等，以便更接近原形，同时便于挂灰。灰塑完成后尚须刷砖灰胶水一至二道，以增光彩。

民居园林中使用灰塑的部位多在屋面正脊、脊端吻兽和园林中的漏窗上，一般为人们手摸不到的地方。照壁、栏杆上很少使用。

古代建筑为坡屋面，两坡屋面交接处是防水的关键部位，为免除屋顶漏雨必须加强脊部的处理，以后随着屋顶的美学成分加重，屋脊也变得华丽精致。早期建筑屋脊为叠瓦脊，即将板瓦层层叠高形成屋脊，重要建筑叠高达十几层。随着制砖技术的提高，官式建筑及祠庙的脊部采用了烧制的成品，称脊甬子，以后琉璃瓦屋面更将脊甬分为若干编号，代表不同的脊高，走向规格化的道路。但民间建筑的屋脊仍然是自由的设计，各地有不同的风格。

江南民间建筑的脊式以苏州香山工匠的制作为代表，按照脊端塑制的不同形式分为五种脊式，即甘蔗脊、纹头脊、雌毛脊、哺鸡脊、哺龙脊，纹头脊又有软硬之分。这些脊的正身皆为立叠板瓦，上复盖头灰，各种脊式的区别全在脊端，端头脊式全为灰塑制品（图5−63）。这其中以甘蔗脊、纹头脊、雌毛脊在普通住宅中应用较多，而哺鸡脊多用在大型宅第的厅堂屋面上（图 5−64、图 5−65）。为了出挑的造型，雌毛脊与哺鸡脊皆须添加铁条。甘蔗脊是在脊端安一回纹方块，与正脊同高，是最简单朴素的脊式。也有的甘蔗脊不用小方块，改为佛手、石榴、寿桃等吉祥物，以喻多福、多子、多寿。纹头脊的端头须缩入正脊 40 厘米，脊头微挑，脊面塑各式花草回纹，

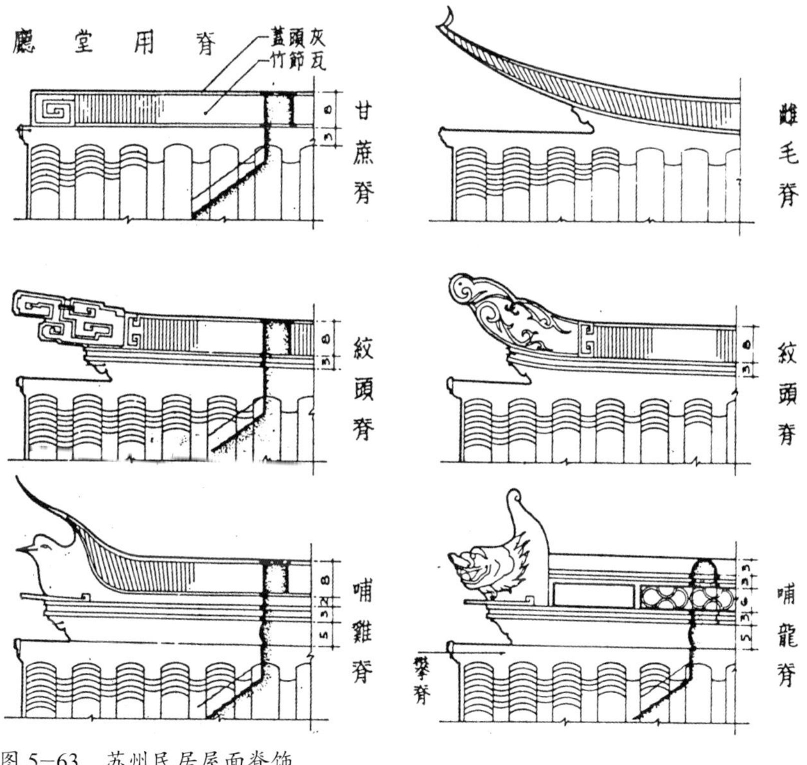


图 5−63　苏州民居屋面脊饰

图 5−64　苏式雌毛请

图 5−65　苏式甘蔗脊

除苏州以外，其他各地的纹头脊有不同的图案。大型建筑中的祠堂、庙宇的脊式多用哺龙脊。其正脊更加高峻，由数层砖瓦条组成。下为起线型砖，上叠筒瓦，称滚筒，再上为数层型砖，再叠滚筒一层，再上为型砖收盖，总高在七八十厘米（图 5-66）。正脊中间还配以灰塑图案，一般题材有福星高照、二狮抢球、八仙过海、聚宝盆等，而庙宇正脊灰塑有火焰珠、琉璃塔、跃龙门、二龙戏珠等（图 5-67 ~ 图 5-69）。寺庙正脊上还可刻写字幅，如“法轮常转”“西方世界”“佛国净土”等，以增加宗教气氛（图 5-70）。一般灰塑选戏曲人物的较少，偶而也会出现在祠堂、会馆等公共建筑场所（图 5-71）。

大型建筑脊端的吻兽亦是灰塑的重点。其造型多取有出水含义的鱼、龙、鸱鸟之属，极大地丰富了建筑屋面的轮廓，出现龙首鸱尾之形制，有龙口吞脊的势态，故称为鸱吻。元明以后成为龙首鱼尾的式样。江南民间建筑正脊多取龙首鱼尾的形制，而变化多端，设计自由奔放，不拘一格，并配水浪、流云，极大地丰富了建筑屋面的轮廓线（图 5-72）。

灰塑在漏窗中的应用亦显出其重要的艺术价值。漏窗在经过叠瓦、叠砖组成图案的阶段以后，为了增添其艺术表现力，将灰塑技术引入其中，极大地扩充了表现题材。如人物、动植物、山水楼

图 5-66　江苏苏州虎丘二山门正脊

图 5-67　江苏无锡惠山寺寄畅园正脊

图 5-68　浙江绍兴禹陵午门屋脊

图 5-69　江苏苏州拙政园屋脊

图 5–70　江苏无锡惠山寺正脊

图 5–71　上海豫园 戏曲人物灰塑

图 5–72 浙江宁波天一阁脊饰吻兽

台皆可容易地塑造出来，并可组成画幅，表现出较为深刻的画意（图 5–73、图 5–74）。

总之，灰塑技术在江南地区运用的实例不多，但其对建筑产生的装饰效果是可以肯定的，因其取材容易，造价低廉，在民间有一定的市场需求，是平民化的建筑艺术手段。

图 5-73　江苏苏州沧浪亭灰塑漏窗

图 5-74　浙江杭州三潭印月闲放台灰塑漏窗

## 三、彩画

建筑彩画是将彩色图案或写生画描绘在建筑木构件上的一种艺术手段，彩画的出现极大地提高了建筑的美观效果，使建筑物更加富丽堂皇，美轮美奂。早在唐代，建筑彩画即大量应用在皇家及宗教建筑上。至宋代形成固定的画法制度，当时按其中画面的繁简程度，将彩画划分为五个等级，即五彩遍装、碾玉装、青绿叠晕棱间装、解绿装、丹粉刷饰。此外还有解绿结华装及杂间装两种变通使用的类型。其中五彩遍装、碾玉装为上等；青绿叠晕棱间装、解绿装为中等；丹粉刷饰为下等，分别用于不同等级的建筑物上（图 5–75）。明清时期建筑彩画更趋成熟，至清中期以后，中国北方以官式彩画为代表的彩画制度明确划分为三大类，即和玺彩画、旋子彩画、苏式彩画。另有个别场合应用吉祥草彩画、海墁彩画、华红高照彩画等。此外，各地亦有地方风格的建筑彩画，如江南苏式彩画、山西彩画、闽南彩画、藏族彩画。形成丰富多彩、艺术纷呈的全国性的格局。

图 5–75 宋《营造法式》彩画图样复原图 额枋 牙脚叠环枋心、三卷如意头海石榴花枋心

江南苏式彩画的历史因实物缺失很难追溯，但从皖南明代民居及常熟翁同龢故居的彩画实例来分析，明代江南地区的彩画已经十分成熟了。但从全国角度来看，江南地区应用彩画装饰建筑的实例并不普遍，大多用在富裕人家的住宅厅堂或家祠中。而民间建筑更新复建的周期更短，影响了优秀实例的保存。再则江南地区多雨潮湿，彩画原料为水溶性颜料，受潮后易产生霉变，一般人家不会采用。同时江南地区人文荟萃，名宦雅士丛聚，艺术风格崇尚淡雅，建筑艺术亦然，木构梁柱多为清水油饰，显示木材纹理，表现自然之美，与帝都官式建筑的豪华富丽、闽粤建筑的热情澎湃之艺术风格大为不同，这些都是江南彩画实例缺失的原因。

明代苏式彩画主要分布在以苏州为中心的太湖周边地区，其绘画题材最大的特点为包袱锦，即是一块绘满锦纹四周有镶边的包袱皮，系在梁檩上，俗称“包袱锦”。部位皆绘在梁、檩、额枋等处，柱子、斗栱、花板等处绝少彩绘。包袱锦彩画的形成与民间习俗有关，民间造屋在梁架将要完成，最后安装正中脊檩时，皆以红布（或花布）包裹脊檩正中，并放入五谷铜钱等作为祈福的仪式，最后演变为彩画的主题。包袱锦构图方法有三种情况，一种是仅在梁枋的中段画一幅彩画，一般为包袱锦式样；另一种是在梁枋中段绘包袱锦，同时端部亦绘有图案，其他不施图案的梁檩部位则刷素色油；还有一种则是梁檩全身满施图案，称之为“满堂彩”（图 5-76）。

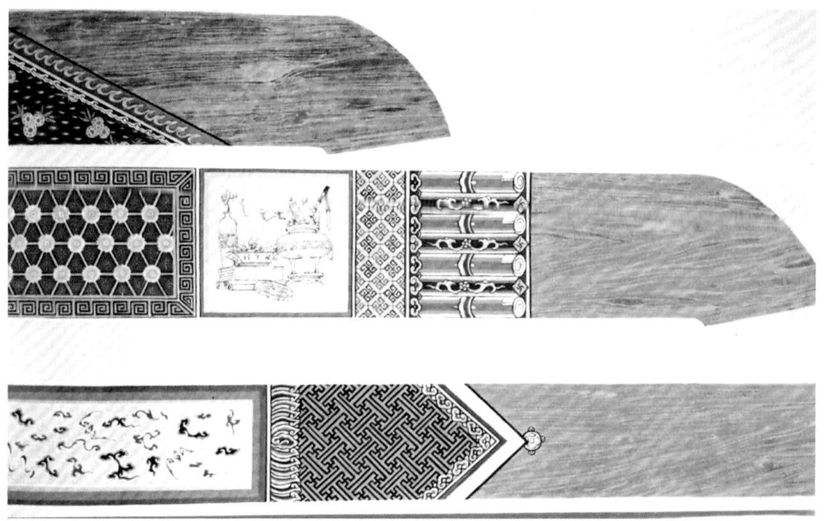

图 5-76　南方苏式彩画

江南彩画的包袱锦有四种绘法：（1）系袱子，将方形袱子斜置，对角尖端向上，就像一块包袱从下往上系在梁上。（2）搭袱子，将袱子对角尖端向下，像一块包袱搭铺在梁上。有的搭袱子的尖角延长，在梁底交脚相掩，又可称之为交脚搭袱子。（3）直袱子，即一块方形锦纹袱子垂直裹在梁檩上，是筒状图案。（4）叠袱子，即在直袱子图案上再叠塔一个系袱子或搭袱子，两种袱子重叠，故名（图 5−77 ～图 5−79）。包袱锦纹图案绝大部分为方格网式，或套方格式，或方格套米字格式，或方格套斜“十”字式。也有用龟背锦式（六边格式），或八方格式。更复杂的锦纹是在格网的布局中，加上云纹、如意纹、拐子纹及团花。或者将分格网线加密，使得锦纹更为丰富饱满，华丽多姿。关于江南苏式彩画的等级可分为三等，即上五彩、中五彩、下五彩，以示财富。（1）上五彩，即任何图案的外缘轮廓线及图案内缘的分界线，皆沥粉贴金，内缘图案着色用退晕技法。在北方彩画中称为“金琢墨”，是最高档次的彩画。(2) 中五彩，即图案轮廓线及内缘分界线皆拉微凸的白线，不沥粉贴金。

图 5−77 江苏苏州忠王府搭袱子彩画

图 5−78 江苏无锡薛福成故居系袱子彩画

图 5−79 江苏苏州忠王府直袱子彩画

(3) 下五彩，即图案内各色平涂，以黑色线压边，北方称为“五墨作”，是一般的彩画，但此类图案繁简不同，用工不等，亦有贵贱之分（图 5-80）。

明代江南苏式彩画的代表作品首推江苏常熟翁同龢故居彩衣堂的彩画。翁同龢（1830—1904 年）为常熟人，是清末著名的官宦，咸丰六年（1856 年）状元，历任工部、户部尚书、军机大臣，同治、光绪两代帝师。翁氏故居是其父翁心存在道光十三年购得，以为奉母养老之所。依二十四孝中老莱子“戏彩娱亲”的故事，将该宅主厅取名“采衣堂”。该堂构架的梁、枋、檩等构件上，尚保存有一百余幅历史遗存的包袱锦式彩画。据专家鉴定这些彩画可能绘于明代隆庆、万历年间（1567—1620 年），是难得的彩画实例。采衣堂为三间九架，主体为抬头轩加五架梁，前廊一步，后廊双步。其五架大梁中段绘二交菱花锦纹直袱子，沥粉贴金，呈红黄为主的暖色调。后期在包袱上又加上一对浮塑的满金狮子，使画面益加热烈。而大梁的背面却改为叠袱子，在直袱子上加搭袱子，内绘云龙纹，极尽变化之能事。大梁上面的山界梁（即三架梁）绘方格锦搭袱子。正厅抬头轩的轩梁上绘八方锦直袱子，以红黄为底色，黑色勾画轮廓，八方纹内沥粉贴金绘出图案。包袱边为黑地白色如意头，及宽度很大的云凤。采衣堂的檩条彩画多为搭袱子与直袱子，裹在檩条的中部，图案有锦纹身、云龙、西番莲卷草、环套纹，内容丰富多变。所有构件未施彩的部分皆为褐色原木，纹理毕现，突出显露彩画的

图 5-80 江苏常熟翁同龢故居梁底彩

装饰作用。从该实例可以看出早期苏式彩画整体为暖色调，构图匀称，描绘细致，在清丽中显出富贵之气（图 5-81 ～图 5-83）。

清代江南苏式彩画因建筑构造的演进而产生变化，一般建筑除继续沿用锦纹系袱子图案外，还大量采用直袱子，并将袱子尽量加长，几乎占据梁长的一半，约两架椽的距离，其彩色装饰效果更为突出。同时，因为清代建筑构架的月梁减少，而梁枋断面以长方形的扁作梁为多，且越是晚期其断面越是扁高。为了适合梁身形体的

图 5-81　江苏常熟翁同龢故居大梁彩画

图 5-82　江苏常熟翁同龢故居脊檩彩画

图 5-83　江苏常熟翁同龢故居抬头轩梁彩画

变化，其直袱子的画法由裹梁形式转为仅在看面（大面）绘制，梁底则涂素色或朱红色，并无彩画。有的系袱子图案画在梁底的尖角，也翻到梁身上了。直袱子的构图保留了原有的包袱心、包袱边及穗子的排列，但为了延长其图案长度，在包袱心与梁边之间又加了正方形盒子，而且穗子也变形为其他几何图案。另外，在图案的画题上突破了锦纹的局限，出现了写生花卉、流云百蝠、松鹤延年、博古等多种画意题材。设色上更为艳丽，五彩纷呈，不拘色调，但用金部位极少（图 5-84）。说明彩画艺术与其他艺术一样，会随着时代的演进而变化。

在苏州地区尚盛行一种寓意图案，即在脊檩正中图案中绘出毛笔、金锭、方胜（一种套叠的菱形图式）三者的组合图案。“笔锭胜”的谐音为“必定胜”或“必定升”，代表仕途（毛笔）、经商（金锭）两方面必定会取得圆满的胜利结果或高升发达，反映出人们追求幸福的心理期望与追求。

清代江南苏式彩画可以苏州忠王府彩画为代表。忠王李秀成为太平天国后期的重要将领，咸丰十年（1860 年）率部进驻苏州，将拙政园吴姓住宅，及附近潘姓、汪姓住宅合并，建成规模宏大的忠王府。其中轴线上设计有大门、仪门、正殿、后堂、后殿等官署建筑，此外的整体布局中还有住宅、花园、附属建筑等，占地达一公顷，建筑面积 7000 余平方米。难能可贵的是，在建筑的梁、枋、桁条（檩）

图 5–84　江苏苏州忠王府大堂彩画

上遗存有 300 余幅彩画。绘画题材有锦纹图案、花鸟虫鱼、山水人物等，寓意包括福寿、吉庆、如意等祈福思想，还有一些反映社会生活的画面，取材广泛，生活气息浓烈。忠王府的锦纹彩画中还添加了方形池子，池子内画各式题材，是北方苏式彩画中的聚锦的先声。在山面梁架的双步梁上满画图案，称为满堂彩，亦是苏画的演变（图 5–85 ～图 5–87）。

图 5–85　江苏苏州忠王府系袱子形画

图 5-86　江苏苏州忠王府系直袱子彩画

图 5-87　江苏苏州忠王府轩廊彩画

江南苏式彩画什么时候传入北方宫廷，尚无确切的论证，但乾隆时期苏画在北京皇家园林及宫殿中大为盛行，是确无疑义的。北方苏画中大量出现写生画法代替了锦纹；包袱边变为叠晕的烟云，增加了画面的透视感；梁枋端部出现了卡子；藻头部分增加了聚锦博古的画法（图 5-88）。总之，苏画传入宫廷以后，有了更繁复的画面改进，以适应皇室的要求。

江南苏式彩画是有鲜明特色的地方彩画，在全国可谓独树一帜，入京后又成为宫式彩画中重要类型，其中尤以锦纹与写生画法为中国彩画增光添彩。早期历史彩画是以写生画法为主，宋元以后逐渐趋向程式图案画法，又称“规矩活”，使彩画产生秩序感、统一感，但特色感降低。苏画的北传使中国彩画产生新的突变，出现新的转机，是江南苏式彩画在中国彩画的发展中的历史功绩。

图 5-88　清官式包袱式苏式彩画